衝!衝!衝!

不再當窮忙族 我要當老闆

I WANT TO BE MY OWN BOSS

永續圖書線上購物網　讀品文化事業有限公司

WWW.foreverbooks.com.tw　yungjiuh@ms45.hinet.net

全方位學習系列 57

衝！衝！衝！不再當窮忙族，我要當老闆

編　　著　董振千
出 版 者　讀品文化事業有限公司
執行編輯　林美娟
美術編輯　劉逸芹

腾讯读书 BOOK.QQ.COM　华夏原创网 www.yuanchuang.com

總 經 銷　永續圖書有限公司
TEL／(02)86473663
FAX／(02)86473660
劃撥帳號　18669219
地　　址　22103　新北市汐止區大同路三段 194 號 9 樓之 1
TEL／(02)86473663
FAX／(02)86473660
出 版 日　2014年12月

法律顧問　方圓法律事務所　涂成樞律師
CVS代理　美璟文化有限公司
TEL／(02)27239968
FAX／(02)27239668

國家圖書館出版品預行編目資料

衝!衝!衝!不再當窮忙族,我要當老闆 / 董振千編著. -- 初版. -- 新北市 : 讀品文化, 民103.12
面 ; 公分. -- (全方位學習 ; 57)
ISBN 978-986-5808-78-5(平裝)
1.創業 2.職場成功法
494.1　103020403

前言

《孫子兵法．作戰篇》中說道「兵貴勝，不貴久」、「其用戰也勝，久則鈍兵挫銳。」意思是用兵打仗，貴在快速反應，而不宜曠日持久，因為曠日持久會使軍隊疲憊，銳氣受挫。而這一原則也同樣適用於今日的經濟環境。在產業競爭中，「快」已經成為競爭的重要法寶。當今的市場變換迅速，一個小小的突發性因素，就有可能造成市場佔有率的重新分配。這對企業來說，既是危機也是機遇。因此，經營者必須具有快速反應的能力，能快速合理調整經營思路，及時謀劃應對之策，抓住市場變化帶來的機會，才能在日趨激烈的市場競爭中把握主動、捷足先登。從這種意義上來說，經營者對市場的反映速度，正決定了企業的命運。

在現在的競爭時代，商業競爭已經不是「大魚吃小魚」的模式，而是「快魚吃慢魚」的模式，大企業往往因為規模龐大而難以迅速轉變，導致被小企業超越。因此，企業面對瞬息萬變的市場，機會總是稍縱即逝，必須以快節奏、快速度搶佔市場「空白」，一步領先才能步步主動。在眾多競爭對手面前，經營者要做到反應快捷，就必須建立靈活、科學的資訊收集和處理體系，同時企業決策者應具備敏銳的觀察能力和判斷能力，才能審視整個市場。經營者如果能敏感地發現市場的潛在需求，並果斷決策，調整產品定位，就能更容易迎合市場需求，分到市場的一杯羹。

經營者要有一顆敏感的心，要保持對市場現狀及變化趨勢的強烈嗅覺。經營者要對身邊發生的競爭變化、市場環境、媒介資源等許多動態，甚至於相對靜態的事物，做出自己敏銳的判斷。只有敏感，你才不會木然；只有敏感，你才不會保守；只有敏感，你才能放下自傲；只有敏感，你才會放棄偏頗。你有一顆對市場敏感的心，才會擁有對市場敏銳的目光和靈敏的嗅覺，你才能保證自己擁有敏捷的反應和明智的選擇。

生存與發展是企業必須面臨的兩個問題，追求價值的最大化，是企業永恆的主題。有句俗話叫「勝者為王」，對於企業來說不如把它改為「剩者為王」更好。生存與發展二件事中，企業首先應當考慮的是生存的問題，只有在確保生存的基礎上，才能求得更好的發展，如果生存都出現問題，何來發展。企業經營是一個積小勝為大勝的過程，贏利是一個從小到大的過程，當下連小規模地獲利都做不到，如何大規模地賺錢？

最後，創業一定需要融資。請記住，理想的風險投資人與創業者之間的關係，應是和善友好、相互尊重、相互信任、不斷溝通的專業關係。對於融資這件事，創業者一方面應該明白，個人的能力再強也有限，如果沒有風險資金加入，他很可能喪失競爭力、錯失市場良機。而另一方面也要注意，風險投資人儘管有權瞭解企業營運的各個方面，但不應越俎代庖。風險投資人的角色應該是董事或者顧問，他可以對事關企業方向和策略的重大決策發表意見，並參與最終決定，但對日常事務的管理則沒有必要干預。

記住，對於創業者而言，任何時候都不要讓別人替你決策，只有牢牢把握住決策權，才能把握住企業的命運。

市場引導決策
決策決定命運

01 CHAPTER

CHAPTER 02

先談生存再談發展

03

CHAPTER

品牌形象與經營特色

04

CHAPTER

資金與風險僅一線之隔

01 CHAPTER

市場引導決策
決策決定命運

決策果斷，市場反應速度決定企業命運

商戰之中，「兵貴神速」，當一個企業擁有較為明顯的速度與時間掌控力，這個企業無疑就增加了一項市場核心競爭力。在這個快魚吃慢魚的經濟時代中，經營者想得早一點，動得早一點，就可能率先搶佔巨大的市場佔有率。而一個經營者的市場快速反應能力，其實也是綜合實力的體現，不僅要建立在一定的組織基礎之上，同時也要求企業的產品研發、採購、生產、銷售、資訊處理各個部門之間的相互配合。

《孫子兵法．作戰篇》中說道「兵貴勝，不貴久」、「其用戰也勝，久則鈍兵挫銳。」意思是用兵打仗，貴在快速反應，而不宜曠日持久，因為曠日持久會使軍隊疲憊，銳氣受挫。而這一原則也同樣適用於今日的經濟環境。在產業競爭中，「快」已經成為競爭的重要法寶。當今的市場變換迅速，一個小小的突發性因素，就有可能造成市場佔有率的重新分配。這對企業來說，既是危機也是機遇。因此，經營者必須具有快速反應的能力，能快速合理調整經營思路，及時謀劃應對之策，抓住市場變化帶來的機會，才能在日趨激烈的市場競爭中把握主動、捷足先登。從這種意義上來說，經營者對市場的反映速度，正決定了企業的命運。

經營者如果能敏感地發現市場的潛在需求，並果斷決策，調整產品定位，就能更容易迎合市場需求，分到市場的一杯羹。

以海爾公司為例，在二〇〇一年二月海爾的全球經理人年會上，海爾美國分公司的總裁邁克先生提出建議。他說儘管在美國冷櫃的銷量非常好，但有一個難題是，傳統的冷櫃比較深，拿東西，尤其是翻找下面的東西，非常不方便。他建議能不能發明一種產品，從上方可以掀蓋，下方又能夠有抽屜分隔，讓用戶不必探身取物。就在會議還在進行時，海爾集團的設計人員和製作人員便立即行動設計新的產品，第一代樣機就這樣誕生了。

連邁克都感到震驚，他曾回憶起當時的情景：「他們拍拍我的肩膀說給我個驚喜。他們把我帶到一個小房間裡，我看到一些盒子上蒙著帆布，他們要我閉上眼睛，等到掀開帆布，我睜眼一看，僅僅在十七個小時之前我所提出的念頭，竟然已經變成一個產品，展現在我的眼前了。我簡直難以相信，這是我所見過最神速的反應。」

第二天，海爾全球經理人年會閉幕晚宴在青島海爾國際培訓中心舉行。一件披著紅色綢布的冷櫃端正地擺在宴會廳中。就在各國經理人疑惑的目光裡，主持人揭開了綢布，當場宣佈：「這就是邁克先生要求的新式冷櫃，它已被命名為『邁克冷櫃』。」而當天，這款邁克冷櫃立刻獲得各國經銷商的大量訂購。正是這種對於市場需求的迅速反應，為海爾集團贏得了經銷商們的讚許，並最終佔領了美國市場接近百分之四十的佔有率。

而在醫藥產業，這種現象更為明顯，黑龍江某製藥集團在得知國家明文規定禁用含PPA的感冒藥後，果斷地認為這是一個市場轉換的重要契機，並認定這是搶佔感冒藥市場的好機遇。於是集團迅速制訂新的產品方案，快速生產出以中藥板藍根為主要原料，療效好、價格低、不含PPA的感冒藥，而該藥一進入市場就搶佔了巨大的市場，贏得了大量訂單。由此可見，對於變幻莫測的市場，經營者要有一顆敏感的心，對身邊發生的競爭變化、市場環境、媒介資源等許多動態甚至於相對靜態的事物，做出自己敏銳的判斷，抓住市場的動向；還要有一顆防範的心，從市調的眾多結果中識別出市場未來發展的趨勢，防止市場的變化讓原來的策略失效；需要一顆果斷的心，能夠快速識別各種繁雜的資訊，找出真正能夠影響企業策略的關鍵，並能夠立即動起來。

而對於一個企業的經營者來說，對市場的迅速反應與果斷決策，是建立在一套完整機制之上的，並且還需要企業的良好執行力。這種執行力是由整個企業各個環節所共同組成，想要達到對市場迅速反應的目的，需要企業各個部門的通力配合。具體說來，表現在以下幾個方面：

一、產品研發的迅速反應

產品是企業分享市場的關鍵武器，是企業利潤的載體，產品能否適合消費者需求，並佔領消費者心智從而實現銷售，能否實現與競爭產品的差異化或相對優勢，關鍵點就在產品的開發上。因此，產品開發者應當及時發現並吸收市場需求的變化與反應，只有這樣才能順應市場的潮流，迎合消費者不斷變換的需求。為了達到這種目的，產品研發人員應該做到以下幾點。

首先，產品研發人員要加強溝通，要經常走向市場，與客戶、消費者多溝通。從中發掘潛在需求，並傾聽客戶或者消費者對現有產品的不滿以及提出的建議，從尚未得到的需求入手。

其次，產品研發人員要多參加一些產業論壇、產業展覽或新品發表會。在展覽上增強與同行之間的交流，取長補短，明瞭產業發展的趨勢，爭取做產業中的龍頭，捷足先登搶佔市場。另外，將標準化設計與個性化設計相結合，儘管個性化設計能夠達成意想不到的效果，但也會增加產品原輔料採購的難度，同時也會延長產品的交貨期，因此應當適量考慮標準化。

最後，還要與行銷人員溝通，這一點與第一點是相輔相成的，行銷人員往往根據工作經驗，對物資和品種、市場的情況一般都有很深的理解，與之溝通能夠避免閉門造車的情況。

二、採購的迅速反應

採購部門根據採購單迅速進行採購，並在最短的時間內使原輔料到位，這一點對於產品快速生產並進入市場是十分重要的。對於標準化用料而言，企業應當對常用原輔料設置庫存警戒，當庫存達到警戒線時採購部門就要及時安排採購，這樣就可以避免常用原輔料在採購過程中所浪費的時間。而特殊原輔料的採購安排就相對困難了，這要求研發部門與採購部門密切配合，採購部門在產品研發階段就要參與進去，這樣就可以在第一時間去尋找或詢價，從而最大化保障產品的快速生產。同時還要建立起原輔料供應商資料庫，這樣既可以對供應商貨比三家，又可以減少尋找供應商的時間，從而保證貨期，不耽誤生產。最後，對於供應商的生產情況要實施監督，一旦發現有特殊情況，便可以迅速安排補救措施。

三、生產的迅速反應

生產部門的迅速反應，其中的重點就是要改變大量、標準化生產的特點。現代市場的需求正在從大眾經濟逐漸轉向小眾經濟，消費者的個性化需求更為強烈，如果企業不能滿足消費者的個性化需求及小量生產，就會失去消費者，失去市場。

因此，生產部門要轉變生產觀念，從生產什麼就銷售什麼的觀念，轉變為市場需要什麼就生產什麼，對員工也要更為積極地合理安排工作崗位。另外一個很重要的地方就是生產部門在安排生產計畫時，一定要瞭解每條生產線的產能，注重前後道工序的銜接，防止出現生產線閒置等問題。

四、銷售的迅速反應

這主要表現在兩個方面，一是市場銷售人員儘量要求客戶在第一時間內提貨，並在最短的時間內上市，以最快的速度滿足消費者的需求。二是對庫存採取嚴格的管理制度，也就是對經銷商倉庫中的自家產品一定要設置庫存警戒，一旦達到或低於庫存警戒，就要要求經銷商加快銷售速度或儘快補貨，避免由於缺貨，造成雙方的機會損失；一旦發現某一產品市場熱銷或大部分客戶要求補貨，企業一定要積極應對，迅速安排加單生產；對於滯銷產品，企業一定要迅速進行處理，避免滯銷產品佔據經銷商過多資金和庫位，為新產品讓出資源。

五、就是資訊的迅速反應

企業資訊的來源主要有：客戶回饋資訊、銷售時點數據、競爭產品與競爭對手資訊、投資資訊、產業預測、產業資料、國家政策等，企業要對所收集的資訊進行充分分析研究，並根據分析結果即時調整銷售政策、研發或改良產品、企業策略等，發揮資訊效益的最大化。在收集、分析資訊的過程中，企業要對資訊敏感，這樣才能趁競爭對手還沒有反應過來時就有效利用資訊，同時對於所收集的資訊，企業要又辨別資訊真偽的判斷力，對於真實有價值的資訊，要敢於果斷利用。

經營者要建立快速反應機制，這點除了需要企業各個部門的通力配合，企業中人人能夠快速反應之外，在企業的組織制度框架上也要建立起快速反應機制。比如可以在市場部與銷售部建立《市場問題回饋處理單》限時處理制度，按照文字形式處理市場問題，並通過監督機制保證《市場問題回饋處理單》的有效性，還可以結合獎懲機制，讓快速反應成為企業的一部分。

在現在的競爭時代，商業競爭已經不是「大魚吃小魚」的模式，大企業往往因為規模龐大而難以迅速轉變，別被小企業超越，現在的商戰可以說是「快魚吃慢魚」的模式。因此，企業面對瞬息萬變的市場，機會總是稍縱即逝，必須以快節奏、快速度搶佔市場「空白」，一步領先才能步步主動。在眾多競爭對手面前，經營者要做到反應快捷，就必須建立靈活、科學的資訊收集和處理體系，同時企業決策者還應具備敏銳的觀察能力和判斷能力，審視整個市場。

做經營決策時，在傾聽多種聲音的同時還要保持獨立的判斷

傾聽多種聲音，對於企業的決策者來說十分重要，它能彌補決策者個人的局限性，為企業帶來更好的決策，還能增進企業與員工之間的溝通，提高企業整體效率，這是一位管理者必須身體力行的原則。然而傾聽多種聲音並不代表人云亦云，而是要保持獨立的理性與判斷力。

美國著名管理學家赫伯特．西蒙說過：「決策是管理的心臟，管理是由一系

列決策組成的，管理就是決策。」既然決策是管理的關鍵，那麼正確的決策來自哪裡？世界上不少知名的企業家都給出了同一個答案：「溝通。」傑克・韋爾奇曾經提到「管理就是溝通、溝通、再溝通」。松下幸之助也認為：「企業管理的過去是溝通，現在是溝通，未來還是溝通。」傾聽多種聲音在企業管理的過程裡，發揮著很大的作用。

傾聽多種聲音的第一大作用，就是促使企業整體生產效率的提高。毫無疑問，企業管理應當「以人為本」，傾聽員工的聲音有助於增強凝聚力。很多企業，特別是製造業，在發展的過程中經常出現員工對企業不滿，導致工作效率降低的現象。造成這種現象的主要原因就是員工長期以來對企業各項管理制度和方法有諸多不滿，但無處反映和發洩；而工廠本身當然也沒有改進，造成員工們的情緒積壓，影響了工作效率。如果管理者能夠傾聽員工的心聲，透過溝通讓員工們表達不滿，並且在瞭解了員工想法的基礎上，進行相應的改進，員工們從此定能心情舒暢，工作動力倍增。

一家位於美國芝加哥郊外製造電話交換機的霍桑工廠，儘管工廠本身的醫療養老制度齊全，工作環境整潔舒適，還有很多娛樂設施。然而員工們仍不能愉快地工作，經常抱怨，工廠的生產效率也不理想。為了解決這個問題，工廠聯合美國國家研究委員會組織了一個包括心理學家等各方面專家在內的研究小組來探求原因。研究小組的專家們用了兩年多的時間找工人個別談話兩萬餘人次，耐心聽取各種意見，同時不予反駁和訓斥，結果全廠產量大幅度提高。由此可見，傾聽員工的聲音，有助於企業整體的和諧發展。

傾聽聲音的第二大作用是為企業帶來更好的決策，有句古話說：「三個臭皮匠，勝過一個諸葛亮。」藉由溝通來發揮集體的智慧，可以避免個人思維的局限以及武斷。古代君王重在虛心納諫，企業的管理更是如此。對於一個企業來說，每個人的能力都是有限的，綜觀許多企業的成功，絕非單純依靠管理者披荊斬棘而得來，他們的成功秘訣就在於能受益於集體的智慧。

世界著名殼牌石油的成功，就來自於傾聽各個層面的決策意見。在殼牌的管理結構

當中，有一個重要的特點就是公司各部門都擁有充分的自主權，權力並非集中在某個人手中，而是分散於各個管理部門。各級管理部門可以根據結果和技術報告，自行作出決策以解決經營中所遇到的各種問題，不必層層請示、逐級審批。這樣可以使公司的決策更為迅速，並且與客戶的聯繫更為緊密。而在重大問題決策管理方面，公司更是避免獨斷專行，委任六名執行董事組成董事會，一切重大決策必須一致通過。這樣的組織管理手段使殼牌公司在一九八〇年代避免了盲目隨潮流收購其他石油公司所帶來的風險，也避免了大舉外債的風險。

現代企業應該吸取這種組織管理經驗，對於一般企業來講，此種組織管理方法，使公司既可以發揮集體的作用，又可以發揮執行董事個人的作用。公司的每一位執行董事都來自基層，都至少主持過一個地方部門的業務，所以執行董事的決策意見富有見地、獨到深刻。

除此之外，傾聽多種聲音還有助於彌補企業管理者自身能力的限制。現代企業中很多管理者，儘管他們對管理理論知識豐富，但卻可能並不具備足夠豐富的管理經驗，或者對企業產品的瞭解有限，這時就需要傾聽常年在企業內工作，並對產業有充分瞭解的老員工的建議，促使更好的決策產生。這一點對於製造業來說更為重要，一般來說，初來乍到的管理者對於生產線的瞭解程度往往不夠，需要富有經驗的師傅們幫助他們把問題迅速解決。

著名的通用電氣公司CEO傑克．韋爾奇在任期就宣導「群策群力，溝通無邊界」的管理策略。有一次，他在家電業務部門參加一個會議時出現了這樣的情景。

這次會議是在肯塔基州列克星敦的假日飯店舉行的，參加會議的員工大概有三十人。大家都認真地在聽一個工人做陳述，他認為可以對電冰箱門的生產工藝進行改進。

突然，工廠主任跳起來打斷了他的講話，認為他的意見不合理。但這位工人毫不留情地對主任說：「你說的是狗屁不通……你都不知道你在說什麼，你自己從來沒有去過那裡。」接著他拿起一支筆，開始在寫字板上演示自己的改進意見。很快，他講完了，並得出了自己的結論，同時，他的解決方案也被接受了。

由此可見，傾聽多種聲音對於企業的決策過程大有裨益。對於一個企業來說，儘管他為員工的雙手支付了工資，但是員工的大腦卻尚有無盡的利用價值。只可惜，上述所說的情形並不是任何一個企業都可以發生，因為這要求員工敢於理直氣壯地站在管理者面前提出反對意見，同時管理者也能夠接受批評、傾聽一系列要求變革的建議，只有這樣才能打破溝通的層層壁壘。特別是，在一些企業中常常出現這樣的狀況：大會上的決策只是得到掌聲，卻沒有人提出反對意見——只得到掌聲的決策不一定是好決策。

通用汽車公司的總裁艾弗雷德．斯隆將傑克．韋爾奇的策略更進一步發展：「在沒有出現不同意見之前，不作任何決策。」所以，斯隆所主持的決策會議氣氛總是非常熱烈。在一次會議中，斯隆發現所有的人對一個重要決策都持認同態度。

他強調說：「對於這個問題，所有的不同意見都可以提出。」大家都點了點頭，但還是沒有人提出其他意見。

隨後斯隆接著說：「先生們，我想我們大家對這項決定都一致同意，是嗎？」在場的人都點頭表示同意。

於是，斯隆說：「那麼，我建議推遲到下次會議再對這項決定做進一步的討論，等到我們對與這項決定有關的各個方面有所瞭解之後，再來提出不同意見。」後來的事實證明，斯隆避免了一次錯誤的決策。

優秀的經營者一再證明了「不同意見會產生良好的決策」這項定律，集思廣益後反覆比較，獲得的結果總是更容易使決策具有科學性、可靠性和長遠性。因此決策者傾聽不同意見是十分重要的。但是，決策者在虛懷納諫的同時，面對種種不同建議，要小心不能喪失判斷力，一味附和別人，尤其是在面對反對意見的時候。

美國總統林肯上任後不久，有一天想到一個重要法案，於是他將手下的幾個幕僚召集在一起開會。在會上正式提出了這個問題，而幕僚們紛紛發表各自不同的意見，幾個人便熱烈地爭論起來。在幕僚們討論的過程中，林肯已經仔細地瞭解了其他人的看法，並經過比較後，認定自己的方案最為合理。但林肯還是認真聽取幕僚們各自不同的意見，只是到

最後決策的時候，幾個幕僚仍舊一致持反對意見，但林肯堅持己見，這時林肯說：「雖然只有我一個人贊成，但我仍要宣佈，這個法案通過了。」結果法案頒佈後受到美國人民的大力響應和支持。

在這個案例中，林肯似乎沒有聽取別人的建議，表現得過於獨斷專行。而事實上只要決策是正確的，就應該力排眾議，堅持己見，而不應當被其他反對意見所迷惑。對於決策的過程，其結果無非就是從各種不同的意見中選擇出一個最合理的。如果決策者本身是對的，就應當堅持。事實上，在本案例中，反對林肯的幕僚們並沒有認真地研究過那個法案，只是有一個人反對，其他人也跟著人云亦云，這本身就是一種從眾心理的體現，而非從決策方案本身去考慮是否可行。

在現代企業當中，決策者身負重任，重要的策略決策甚至關係著整個企業今後的發展。因此決策者就容易產生這樣心態：既然事關重大，就需要獲得成員的支援，當其他人持反對意見時，決策者必然會受到眾人的影響。這是因為在從眾心理的支配下，更容易產生所謂的「冒險轉移」，決策者會因為眾人的傾向而開始懷疑，甚至否定自己，這時在眾人的支持下冒決策風險的水準，就遠遠高於個人決策冒險的平均水準。此時決策者就很容易喪失判斷力，然而如果正確的恰恰是自己，一個錯誤的決策就產生了。

因此，決策者在進行重大事項的決策時，要擺脫群體的影響，跳出從眾心理。而這種判斷，可遵照以下三個基礎：

一、決策的前提正確

決策者要在確保決策正確的前提下，堅持自己的意見，不被群體所左右。為了達到這個目的，決策者要從提高自身素質出發，在作出決策之前更為敏銳地觀察市場環境，並且判斷出決策的正確性，以減輕自己盲從的心理，運用理性的方法作出正確的決策。同時還要求決策者富有創意，不走尋常路。不管是加入一個組織或者是自主創業，保持創新意識和獨立思考的能力，都是至關重要的。

二、決策不要怕孤立

在企業，經常會遇到這種情況：新的方案和想法一經提出，必定會有反對者。反對聲浪中有對新意見不甚瞭解的人，也有為反對而反對的人。一片反對聲中，領導者往往陷入孤立之境。這種時候，決策者不要害怕被孤立。透過反覆講解來說服，並得到反對者的認可，而對於那些基於非理性原因的反對者，則不必做過多的理會。

三、決策者要對做出的決策負責

決斷從來不是多數人所做出來的。多數人的意見的確要聽，但做出決斷的，只有一個人。這個人必須對所作的決策負責。只有不怕風險，勇於擔當責任，才能銳意進取，大膽決策。

不要「我認為」，要從市場出發定策略

企業的策略規劃，不是根據策略理論所描述的美好前景去生搬硬套，而是要根據自身的情況與市場來制定。企業的發展就好比建築樓閣，需要在堅固的地基上一層層、嚴謹有序地進行，每個步驟都應該認真對待，這樣才能保證不會出現「豆腐渣」工程。

真正的商人從來不是從「我認為」出發，而是從「市場訊息反饋」中得知真正的需求。市場是最好的策略大師，真正的策略必然是促使企業不斷滿足市場需求的策略。

成功的創業者往往會深入對市場進行觀察，並認真分析消費者的需求、期望，以決定研發什麼樣的創新產品來滿足市場。

二〇〇四年，巨人集團史玉柱投資網路遊戲，開發《征途》。他把玩家的需求放在第一位，曾與兩千個玩家聊過天，每人至少兩小時。這樣算下來的話，總共用了四千多個小時。

在四千多個小時的聊天過程中，他摸清了玩家的心理和需求特點，然後根據玩家的需要進行《征途》遊戲的設計和創新。史玉柱將消費者當做是最好的老師，消費者也給予其豐厚的回報。《征途》遊戲成為中國同時段內線上人數最多的遊戲。

當年，在全世界專家的眼中，IBM的作業系統在多項指標裡都比微軟略勝一籌，但是今天我們只聽說微軟的作業系統軟體，卻不知道IBM的。為什麼呢？就因為微軟作業系統的任何創新都以消費者為中心。

史玉柱和微軟的成功說明了一個道理：只有實地考察市場，才能最直觀地感受到消費者的需求，也最容易為管理者提供創新的靈感，使他們利用創新成果獲得成功。

一九五〇年代初期，美國的蘿拉．阿什雷創立了蘿拉．阿什雷公司，該公司主要生產女性裝飾用品，其新穎的產品喚起了美國女性的浪漫情懷，很受歡迎。尤其在一九七〇年代人們普遍懷舊的情結下，蘿拉．阿什雷公司很快由一家小作坊，發展到一個擁有五十家專賣店的大公司，蘿拉．阿什雷也成為國際知名品牌。

蘿拉．阿什雷去世以後，她的丈夫伯納德遵從蘿拉所設立的經營方向，按照原來的經營模式、框架甚至制度規範繼續發展該公司。然而，隨著時代的發展，越來越多的女性開始走出家庭謀求工作，市場逐步傾向於職業飾物，因此女性裝飾產業發生了巨大的改變。伴隨著關稅壁壘的逐步瓦解，精品店大多都將生產基地設到海外以削減成本，或者將生產全部外包。但蘿拉．阿什雷公司卻相反，該公司仍然繼續執行著過去曾為其帶來成功的老路，仍然生產著式樣陳舊的老式飾物，並且以昂貴的成本自己生產，公司的競爭力終於開始日漸衰退。

一九八〇年代末期，一家管理諮詢機構明確指出了該公司所面臨的挑戰，並提出了相應的應對措施。在認識到需要適應變化而採取措施後，蘿拉．阿什雷公司的董事會物色了好幾位總經理，並且要求他們每一位都必須提出對公司進行改組和再造的方案，以提高銷售和降低成本。所有的改革方案都被付諸行動，可惜唯一沒有改變的，就是公司的策略方向。

成功地制定和實施企業策略，是企業卓越管理最可靠的保證。隨著市場經濟的深入發展，企業策略的管理也越來越呈現出動態化、系統化的特徵，越來越急迫地要求我們用更新更有效的方法來進一步審視企業策略的制定、執行、評價與控制的全部過程。而這個有效的方法就是用市場需求來評估。

策略目標不是冒進的宣言書，而要切合實際企業的發展。海爾公司經營策略的脈絡是：首先堅持七年的冰箱專業經營，在管理、品牌、銷售服務等方面形成自己的核心競爭力，在產業佔據領頭羊位置。一九九二年開始，根據相關程度逐步從高度相關產業開始進入，然後向中度相關、無關產業展開，逐步向黑色家電與知識產業拓展。這種符合企業現實情況的策略規劃，保證了海爾品牌的長青。

媒體形容蒙牛發展是火箭般的速度。殊不知，在蒙牛的起步階段，其制定出來的發展策略相當「低調」，但是，沒有人否認這個策略的正確性。

首先，他們在產品選擇上，沒有和伊利、光明等當時的強勢品牌正面對立，選擇在不為他們兩家所重視的利樂包產品上進行突破。這為蒙牛贏得了成長空間和時間。果然，後來他們很快就把利樂包類產品做到市場第一。

其次，在品牌定位上，他們非常「務實」地利用了兩個機會：一是人人知道內蒙古乳業第一品牌是伊利，但不知道第二品牌是誰；二是人人知道來自內蒙古大草原的牛奶就是好牛奶。於是，他們提出「做內蒙古乳業第二品牌」、「請到我們草原來」、「自然，好味道」等品牌訴求點，透過大型廣告，展開各種傳播和促銷活動，迅速獲得消費者認知，產品快速覆蓋到全國市場，一躍成為產業內最知名品牌。

分析蒙牛的策略，可以看到乳業競爭現實情況和自身資源情況——剛剛起步的蒙牛一窮二白，既沒有資金實力，也沒有生產實力——他們只好避開鋒芒，選擇利樂包產品；正是看到一時無法超越伊利的發展現實，他們提出跟隨策略，將自己定位在第二品牌上。這種務實的策略規劃和發展目標設計，使蒙牛在內蒙古大草原上迅速崛起，成為蒙古草原上的另一顆璀璨明珠。

經營者不能把「策略規劃」當成流行新裝，因為企業只有一步一腳印地發展才能建成參天大廈。否則，假如企業設定了不契合實際的發展目標，必將付出沉重的代價，甚至被市場淘汰。企業的策略目標不應是空洞的策劃、規劃，而應該是符合企業發展規律和滿足市場需求的科學決策。

策略的重要任務之一就是要幫助企業找出優勢和劣勢，以及如何揚長避短。成功的策略模式擁有的共同特點是：能夠促使企業提供獨特價值——這個獨特價值能夠將企業與競爭對手區別開來，為自己貼上個性標籤；高人一等的策略模式是難以複製的——很多公司都知道豐田的精細化生產方式，也有很多企業進行模仿，但沒有任何一家取得了像豐田那樣的成就；成功的策略模式是務實的——務實的含義，就是把策略的制定建立在對市場需求的準確理解和判斷上。

策略一旦分解成階段性任務，就要注重落實力

在企業中，有些看似雄心勃勃的計畫總是一敗塗地，有些好的決策總是一而再、再而三地付諸東流，剛剛做好，就出現了問題，付出比計畫多了十倍，結果卻不到計畫收益的十分之一，這是為什麼呢？是落實不力！企業想在市場中站穩腳跟，在競爭中立於不敗之地，關鍵就是增強自己的落實力

很多企業的經營理念和策略大致相同，但績效大不相同，道理何在？關鍵是在於落實力！在激烈的市場競爭中，落實力已構成企業管理最重要的組成，對一個企業的發展起著至關重要的作用，它將是決定企業發展的重要保障。可以說，沒有

落實力就沒有競爭力，沒有落實力，企業的決策就無法實現，也就沒有持續發展的空間。

二〇〇〇年三月十七日晚上，新墨西哥州的一場雷電，引發了飛利浦公司第二十二號晶片廠發生火災，數千個手機晶片被燒毀，燃燒的煙塵落到了要求非常嚴格的淨化間，正在準備生產的數百萬個晶片也被煙塵破壞。

當時，諾基亞和易利信都是飛利浦公司晶片生產廠的客戶。在火災發生後，飛利浦幾乎是同時告知了諾基亞和易利信這個消息。但是，面對火災，易利信的管理階層並沒有當做是一項緊急事件。管理者認為，這不過是一場簡單的火災，不需要太過費心地去處理，只是簡單地採取了一些措施。直到他們發現關鍵零件供應不足的時候，已經晚了。

原來早在一九九〇年代中期，易利信為了節省成本簡化了供應鏈，並沒有設置後備供應商。於是，在市場需求最旺盛的時候，易利信卻因為缺乏數百萬個晶片，導致一款非常重要的新型手機無法正常推出，結果市場佔有率被人奪走，易利信只得退出行動電話生產市場。

企業落實不力，對策略的實施影響有多大，由此可見一斑。而這樣落實力不強的情況遠不僅存在於易利信公司的個案中。落實力低下是企業管理中最大的漏洞，再好的策略，只有成功落實後才能夠顯示出其價值。

人們常說「說起來容易，做起來難」。在這個世界上，有想法，有創意，有點子的人很多，但是能把一個想法、一個創意或者一個點子真正落實的人卻很少，因為落實需要很長的時間、很多的人員，還會遇到很多困難。所以，執行很重要。

阿里巴巴的馬雲也說過，寧可要一流的執行、三流的點子，也不要一流的點子、三流的執行。「沒有執行力，哪有競爭力」，被譽為「世界第一經理人」的傑克·韋爾奇高度重視企業執行力；「微軟在未來十年，所面臨的挑戰就是執行力」，微軟集團前總裁比爾蓋茨把企業執行力視為重中之重。從企業的角度來說，好的策略是非常重要的，但若沒有強大的執行力去完成它，這個策略也只是一紙空文。

的確如此，在當前急劇變化的市場環境中，落實對於組織的生存與發展至關重要，只有那些能夠對市場環境變化反應及時，並作出迅速應變的企業，才可能在變動的環境中贏得先機。

有位著名企業家說過，市場競爭已經拼過了好幾個階段，膽量、技術、規模、宣傳都拼過了，現在該是大家拼「落實」的時代了。它就像橫阻在計畫與結果之間的一道鴻溝，跨過去就成功，跨不過去就失敗。

在併購IBM的個人電腦業務之前，聯想二〇〇四年營業額為二十九億美元，二〇〇七年金融發生危機之前，營業額達到過一百六十九億美元，殺入世界五百強。而利潤在四年間從一點四億美元，增加到四點八四億美元，國際市場佔有率也從百分之二點三增長到百分之七點六。

為了在併購IBM後業務能夠平穩過渡，柳傳志自己擔任董事長，並將楊元慶推向CEO的位置。楊元慶成立八個人的班底，在每一次會議中，讓八人核心團隊從想法開始討論，然後一步步落實，由於參與討論者都是來自各部門的領導者，所以在討論過程中，也會將未來的執行方式包括在內，極具競爭力。

聯想公司二〇〇九年十一月五日公佈的第二季財報顯示，淨利潤五千三百萬美元。聯

想集團主席柳傳志對業績表示滿意，並表示：「這些表現和進步都是執行了預定策略的結果。」

柳傳志定策略，楊元慶落實，這種「柳楊配」組合被看成是黃金搭檔，就是因為楊元慶超強的落實力。

一般來說，董事長負責決策公司的發展策略方向和投資決策，總經理負責擬定策略方向的方案。因此董事長想要公司立於不敗之地，就必須有一個高效執行的總經理。好策略不能保證公司的成功，執行力才是成敗最關鍵的因素，因為只有執行力才是真正直接對結果產生作用的力量。任何事情規劃得再好，不如現在就行動起來，重要的是在執行過程中，遇見一個困難解決一個困難，堅定決心，堅持不懈地做下去，最終總能到達目的地。這個時代成功的企業家們，有誰不是這樣做出來的呢？

在競爭日趨激烈的市場中，幾乎所有的企業都在苦思冥想著一條能夠保有持續競爭力的出路，因為有了落實力，好的策略才會轉化為真正的生產力。提升企業落實力，應做到以下幾點：

一、打造一流的執行團隊

海爾總裁張瑞敏在比較中日兩個民族的認真精神時曾說：「如果讓一個日本人每天擦桌子六次，日本人會不折不扣地執行，每天都會堅持擦六次；可是如果讓一個中國人去做，那麼他在第一天可能擦六次，第二天可能擦六次，但到了第三天，可能就會擦五次、四次、三次，到後來，就不了了之。」

執行力的核心是人。只有擁有了強大執行力的人，組織才能擁有強大的執行力。企業需要執行力，其實需要的就是執行的人，需要不折不扣的優秀執行者。世界上最成功的企業無一不擁有著不折不扣的執行力，所有優秀的企業都致力於打造一支具有強大執行力的隊伍和組織。

二、實行雙主管制

戴爾通過多種機制對經理人的管理行為進行修正，以保障執行力準確無誤地貫徹。在關鍵崗位採取雙重負責制，即重大決策必須由兩個主管做出一致決定時方能實施。這種共同決策的方式既可以發揮雙方的優勢，又可避免各自的不足，並在工作出現失誤時共同承擔責任。

實行這種雙主管制的關鍵在於：許可權雖然重疊，責任卻一定分明。經理人員必須一起督促他們所共同管理的員工，也要分攤最後的表現結果。這其實是一種制衡的系統，權責共用不但能成就共榮的態度，鼓勵合作，還能使得全公司都能分享不同的觀點與創新意識。

總之，落實力是企業走向成功的必備能力之一，更是一種思維方式、行為習慣和企業生存態度。對於企業來說，要想在市場中站穩腳跟，在競爭中佔有自己的領地，最重要的不是有多麼遠大的目標，而是朝著企業的目標立即行動起來。這種「行動起來」就是落實的能力。只有具備這種落實力，才能把優秀的策略變為現實。

培養情報意識，在市場變化前就採取行動

情報，對於企業的發展有重大的作用，它來自於企業的競爭環境、競爭對手和企業內部本身，對企業今後面臨的市場趨勢以及競爭對手的發展狀況具有分析能力。但是，情報本身又具有隱蔽性，需要企業的經營者以及員工對於周圍事物保持高度敏感並深入思考後才能得到。因此，經營者需要加強情報意識，並有意識地培養以及加強情報工作。

情報意識，對於一個經營者來說至關重要，當今的市場風雲變換，競爭也愈發激烈，企業不僅要跟上市場的步伐，更要先於市場發現產業的趨勢，只有這樣才

能先於競爭對手打開更為廣闊的市場。因此，企業的經營者要培養情報意識。

一、對抗性和針對性。

企業所需的情報是處於整個競爭的市場環境中所獲得的，而情報的最終用途是針對市場需求而言的，因此企業要尋找的情報對於企業的經營來說具有針對性和對抗性。

二、商業性。

取得情報的最終目的是為企業的經營帶來更大的經濟效益，這些情報的創新形式雖然不同，可能是與專利有關、與產品創新有關，但都具有商業性，能給企業帶來更好的收益。

三、市場預測性。

企業獲得的情報應當能夠幫助企業預測市場的走勢，具有一定的預測性。

四、綜合性。

所得的情報既有可能是有關產品技術的，又有可能是企業經營管理方面的啟示，還有可能是市場未來的發展，並非局限於經營的某一個方面。

五、隱蔽性。

企業所得的情報並非是直觀的，需要經營者的觀察、發現和深入思考，需要思維的加工分析。

六、時效性。

市場是瞬息萬變的，尤其在當今這個經濟全球化的時代，只有迅速獲得準確及時的資訊，才能夠建立反應靈敏的策略決策支援系統。

七、長期性。

情報的獲得和應用不僅在創業的初期十分重要，研究和發展企業情報工作應當是一項長期的策略任務。

培養情報意識的關鍵就是要提高對市場，甚至是周圍各種事物的敏感度和觀察力。一個企業的老闆能否成為成功者的關鍵，恰恰就在於他對事物是否有感受能力。擁有較強感受能力的人，更容易對所見的事物和現象所吸引，而且牢牢地刻印在大腦裡，在恰當的時機，會將頭腦裡的東西轉化為有利於企業發展的新想法，這種經營者是有心人，不斷尋找新事業發展契機。而與之相反的是，有些人往往對於周遭事物採取麻木不仁的態度，他們觀察事物也是漫無目的的，或者是僅僅停留在事物表面上的，這樣往往什麼也感受不到。對於企業的經營者來講，應當是有目的的、有意識地去觀察，把獲得的資訊當做是「情報」來接受，並且要由表及裡地觀察和思索，這樣才能得到啟示。

那麼如何才能更深層次地觀察事物呢？對於經營者來說，應該多想想「為什麼」。「為什麼呢？」這樣的疑問，正是一個經營者最必要的感受方法。「為什麼」的思考是探究、摸清事物本質的出發點，只對眼前的事物照原樣接受，是不能看穿其本質的。對於一個經營者來講，百貨商場很可能就是一個很好的情報場所。

再如，一位成功經營咖啡店的經營者就有這樣的經驗。對於顧客來說，在咖啡店喝咖啡，覺得很好喝，但很少有人思考「為什麼」，即使稍微更有心的人，也至多是對朋友或親人說，「那兒的咖啡味道不錯。」僅達到這樣傳播情報的程度。

但經營者就不能僅此而已了，要有「為什麼」的思考，這樣就會去探究那種咖啡為什麼好喝，確認是用什麼咖啡豆，什麼器具煮的，並探究咖啡豆的種類和攪拌方法，有機會時他們會直接詢問老闆秘訣。進一步探究的話，還會明白不只咖啡本身的味道，其實店內的氣氛也有相當的影響。就這樣，對「為什麼」的思考挖掘下去，從感到咖啡好喝入手，自己也會得到各種各樣的情報。成功的咖啡店老闆，就是這樣獲取市場情報的，根據這些情報不斷改進自己的產品，迎合市場的需求。

事實上，在商場上，深入思考能夠帶來的巨大不同就是這樣，差異會如實地在未來企業的經營之中凸顯出來。懂得思考「為什麼」的經營者，會發現異常現象，並且會力圖去抓住其原因。他們更容易識破客戶公司的經營危機，也更容易從部下的細微行動察知其生活上的異常。而對事物沒有疑問的經營者，對能夠替市場帶來潛在危機或者機會的事物感覺遲鈍，當然也不會採取先下手的政策，往往被置於被動。這樣，便做不了經營者。不管怎麼說，生意都是先下手為強。總之，新事業的契機常常緣於「為什麼」的思考。

而能夠深入思考的前提是能夠發現。因此經營者要有一顆敏感的心，要保持對市場現狀及變化趨勢的強烈嗅覺。經營者要對身邊發生的競爭產品變化、市場環境、媒介資源等許多動態甚至於相對靜態的事物做出自己敏銳的判斷。只有敏感，你才不會木然；只有敏感，你才不會保守；只有敏感，你能放下自傲；只有敏感，你才會放棄偏頗。你有一顆對市場敏感的心，才會擁有對市場敏銳的目光和靈敏的嗅覺，你才能保證自己擁有敏捷的反應和明智的選擇。

那麼企業的情報工作可以從哪方面進行呢？主要可以從以下三個方面入手：

一、企業的競爭環境

從企業的經營能力發展和目標市場入手，找出影響它們的因素，比如各種社會因素，包括社會文化、經濟環境、政治法律、科學技術，等等，以及這些因素之間的聯繫。企業所處的環境是經營者需要關注的重點，企業所獲得的情報將對企業制定發展策略，以及保持企業的競爭優勢有很大的參考作用。

二、企業的競爭對手

毫無疑問，競爭對手的有關情報在商戰之中是經營者關注的焦點，這裡的競爭對手既包括主要競爭對手，也包括企業的潛在競爭對手。情報指的主要是對手在技術研發、生產經營、管理方法以及銷售方案等多方面的實力。除此之外，對手的市場反應力以及計畫行動也是分析的重點。

三、企業的內部分析

事實上，情報不僅是來自企業外部，企業自身的分析也是一種情報，比如企業在市場上的競爭優勢，企業的優勢與劣勢、機會與威脅，以及現在的資源、策略的發展潛力等方面的研究。內部情報與外部情報一樣重要，正如「知己知彼」。

加強情報意識，在市場變化前就採取行動，對於企業來講有重要的意義，企業可以從以下幾個方面來建設情報工作。

一、提高管理階層以及員工的情報意識

正如上面所講，企業中無論是管理者還是員工都要保持高度敏感與警覺，並且在觀察的基礎上深入思考，要充分意識到情報工作對於企業的重要輔助作用，認識到其價值所在，不能只關注企業的眼前利益。

二、有必要時，企業可以設立情報部門

現在大部分的企業沒有獨立的情報部門，獲取情報的管道和手段也比較單一，企業的情報工作體系不健全，做決策的時候就容易以經驗判斷為主，情報工作沒有系統的規劃，決策者的主觀意識就比較濃重，缺乏科學性。因此，企業應當在一定基礎上設置專門機構，或者安排專人來負責情報工作。

三、培養情報工作人員

儘管企業無論是管理者還是員工，都應當對市場有敏感度，但是由於個人稟賦的不同以及工作經歷的限制，企業仍需要專門的情報人員，並且這些人員是經過專業的培訓和實際鍛鍊，擁有一定的相關知識和技能，同時還要建立一定的員工激勵機制等吸引專業人員。

四、充分利用企業內部情報

企業不能只看重外部社會資源的利用，而忽略企業內部資源的挖掘與開發。企業內部人員也是企業情報的一個重要來源管道，因此企業應當建立起高效有序的內部資訊共用機制，以此發掘企業內部的巨大價值。這就要增強員工的情報意識，以鼓勵員工為企業積極收集競爭情報。

與政府事業單位合作專案要慎重

政策環境，是企業外部環境的重要部分，在與政界交往的過程中，企業需要注意到的是，由於經商與做官在思路上的差異，企業與政府、事業單位和行政公司官員的合作一定要慎重，不僅如此，在處理企業與政府之間的關係時，也要遵循一定的原則，不能捨本逐末，應當意識到實力是根本，關係則可以提供輔助力量。

很久以來，企業與政府之間的關係十分微妙，企業若想在市場中得到一片天地，更是要順勢而為，積極與政策導向結合。對於一個企業來說，能與政府、事業單位以及行政公司官員合作專案是不是更好呢？這樣的合作是否意味著企業與政府打好了關係，在市場上就如魚得水了呢？

實際上，與政府事業單位合作專案，應當採取十分謹慎的態度。從根本上講，這是因為做官和經商是完全不同的兩套思路，因此合作之中難免就會產生根本性的分歧。政界官員往往更加注重政績工程，也就更為看重專案的形象，而企業的泉源則是實實在在的利潤，因此需要盡可能合理地降低成本，提高資源配置效率。如果直接與官員政府合作專案，特別是讓他們參與到專案的具體運作當中，很可能就出現這樣的情況：官員們會按照上述思維，追求專案的龐大規模與表面工程，從而浪費了企業不少的資金，成為成本的製造者和利潤殺手，專案也難以正常的運作起來。

我們可以結合一些專案的實例來看。一些與官員合作的專案運行起來，通常是十分講究「門面」的，比如首先要經過非常隆重的開業儀式，然後請當地黨政官員和社會名流來捧場，並全程錄影，還要在地方媒體上大作宣傳炒作一番。而在專案計畫上，更為追求專案的「氣派」。在規模上，計畫產業上下游一體化，全面式服務，並且追求在目標時間內破歷史紀錄，或者達到何種程度，等等。按照官方思維，只有這樣才能彰顯出專案的前景廣闊，給人以專案運作起來便能大賺錢的感覺。實際上這是與創業專案的宗旨背道而馳的，是一種政府機關與大型企業炫耀霸氣的行為。

支援這些表面工程的經常是無比寶貴的創業資金，而這些資金卻被消耗在沒有實質意義的地方。特別是在專案導入期，產生的利潤本身就十分微薄，甚至對於一些企業而言，即使以節儉型導向進行投入，事先準備的資金都可能不夠用。這個時候又將資金大量用於面子工程，由於沒有能夠帶來相應產出的資金流入，不僅會更為增加資金負擔，還可能會導致真正需要資金的地方更加缺錢。

對於一個創業企業來講，在創業初始階段，應當遵循一種思路，即最為重要的事情並不是發展，而是生存下來。企業的生存自然在相當大程度上需要資金的支援。企業在連融資管道都難以保證的情況下，必須節約每一筆創業資金。也就是說，在專案導入期，企業絕對不能浪費一點資金在沒有實質意義的事上。而機關、事業單位和大型企業則不同，他們往往贏得起也虧得起，但普通創業者在創業初期，一旦資源浪費了，就很有可能會由於失血過多而死亡。這一點是與政府專案完全不同的。所以，與政府事業單位合作專案要十分慎重。

與政府事業單位的合作，是企業與政府打交道時不能避免的問題，那麼企業與政府之間應當維持一種怎樣的關係？事實上，大力拓展人脈關係也確實是企業應當重視的，是創業者的一大課題。因此，創業者、企業家們都努力結識機關、事業單位和大大小小的官員。這本來也無可厚非，而在一定程度上，這些官員也確實能幫得上企業的忙，這種人脈資源確實能夠轉化成現實的生產力。

但是，與他們直接合作並不是一個很好的選擇。下面是一個創業者的例子。

一位同學十年前畢業於某明星大學新聞系，剛踏入職場，就到某大財經媒體任職，月薪四萬五千元。這位同學極富朝氣和進取心，想實現超群發展，每月發完薪水，半個月之內保證花完，主要都是用於交結大大小小的官員，其中有不少來自各大產業協會和超大型企業，其中也不乏掛著處長頭銜的高層。時間久了，大家自然都會提起一些專案運作，撈些外快。這些專案通常起因於官員們缺錢，也不太願意冒險挪用公款投入，但只要一起合作專案，他們願意幫忙提供政策方向，疏通關係，不過前期的資金來源還是必須自己去

找，同時專案也要有些規模。該君聽了之後熱血澎湃，心中竊喜，只要能做成這個專案，就能實現自己提前退休的願望。

而問題就是，這樣的專案運作起來是十分困難的。首先就是專案的要求，既要有一定的規模，防止官員瞧不起，又要求快速平穩達到目標，這樣一來前期的投入就需要大量人力物力，並且專案越大需要的配套資源也就越大。由於官員自身並不投入資金，所以前期投入必須自己想辦法，這使得專案運作起來的機率難上加難。

在這裡，我們可以又一次看出，合作之所以難以進行，其根本還是創業者與官員的思維方式不同。但同時從這一點上來講，並非所有與官員運作的專案都存在問題，都不能合作。能否合作的關鍵是這位官員的思維模式和環境的契合程度，也就是與創業經商之間的匹配程度有多大。如果兩者匹配程度較高，則是適合創業的；倘若匹配程度較低，創業應邀與之合作，往往會遇到比別人多很多的問題，也更容易燒錢。但是值得注意的是，儘管某些官員的思維與環境的契合程度較高，但這種情況是非常少見的，畢竟一個人的思維模式非常容易受到他的經歷、背景，尤其是職業環境的影響，幾乎沒有例外。因此，與官場中人合作專案，還是要慎之又慎，否則是自討苦吃。反過來說正在走仕途的，如果選擇創業，雖說未嘗不可，但必須從更多方面去下手努力，使得自己的思維模式更為適合經商。

既然儘量不要與官員、政府等直接合作，那麼對於與政府的關係，企業要採取什麼樣的態度呢？一位成功的企業家曾經談到過，一個成功的企業，至少必須兼備兩種能力，一種是把企業內部營運好的能力，另一種是政府公關能力。成功的政府公關，可以讓企業的發展事半功倍，這對於任何國家的企業來說都是如此。對於第一種能力，企業在不斷發展壯大的過程中已經基本具備。而對於政府公關這種能力，當前的企業似乎都誤以為，只要和政府部門「打好關係」就夠了。但是這種關係越高越複雜，非但不會為企業的經營帶來正面影響，反而增加了企業的政治與法律風險。企業在與政府「打好關係」時，要注意到以下幾點：

一、要明白企業與政府之間應當是什麼樣的關係

這種關係就是企業法人和行政法人在主體資格上平等的關係，法治原則的關係，權利、義務對等的關係。即政府的權利是徵收稅負，義務則是為納稅人提供公

共服務；而企業的權利是獲得政府的公共服務，義務則是向政府交納稅負。

二、要明白與政府「打好關係」的目的是什麼

這種目的是通過與政府部門進行溝通，瞭解政府相關政策法規的變化、瞭解政府對企業的指導政策，同時積極回應政府的號召或者以主動的姿態為政府分擔在社會責任上的重任，並為此做出一系列書面或口頭承諾，以自己的行為履行諾言，贏得政府部門的信任。總之就是，認識政策環境，順勢而為。

三、要明白企業發展的根本任務是什麼

對於一個企業而言，在創業過程中，最為關鍵的是自身實力是不是夠強，選擇合理的營利模式，鍛鍊自己優秀的經營能力至關重要。要合理看待人脈資源，人脈對於企業來講應當是一種錦上添花的作用，借勢行銷，為企業帶來更多贏面。但是，切忌捨本逐末，如果將大部分精力放在與一些官員發展關係上，更是大錯特錯。在創業初始階段，企業的根本任務是明確定義業務模式，拓展爭奪市場，而不是拼命去搞定官員。一般來說，除非企業創業之初資金就非常雄厚，並且主題是房地產、採礦、路橋、水泥、鋼鐵、化工、環境工程等重大專案，否則與政府、官

員、事業單位等合作專案，很容易竹籃打水一場空。

四、要明白「打好關係」的風險

企業在看到人脈資源帶來的便利同時，也應當明白與官員走得太近，容易產生重大政治和法律風險。當前的社會錯綜複雜，政策導向之下，企業為了生存和發展，的確不得不與一些政府官員等建立起融洽的關係，但是企業要將這種關係保持在適度的範圍中，以免太過得不償失。

I WANT TO BE MY OWN BOSS

先談生存再談發展

02 CHAPTER

家族性創業團隊在創業初期具有更大的能量

在創業初期，企業往往會面臨招聘困難和團隊不穩的問題，而採取家族性創業團隊這一模式，就能解決這一問題。但是，成員的個人能力差異與家庭政治，也會為企業發展帶來不穩定因素。因此，管理者更應處理好團隊專業化以及利益分配者之間的博弈關係，只有這樣才能將企業做大做強。

在現代企業管理制度之下，家族性創業團隊恐怕得到的重視更少，整個家族中的感情與利益糾葛問題可能是很多創業者很不想看到的，也是家族性企業留給人們很典型的一個印象。然而家族企業並不必然是不符合「現代企業制度規範」的，並且家族企業在現代發達的市場經濟中也非常普遍。即使在美國，家族企業也是經濟主導的力量：百分之七十五以上的企業屬於家族企業；家族企業占國民生產總值的百分之四十；在《財富》五百強企業中，有超過三分之一的企業可以被看做家族企業；世界上最成功的一些企業就是從家族企業發展而來的，如強生、福特、沃爾瑪、寶僑、摩托羅拉、惠普、迪士尼，等等。而現在比較風光的一些民營企業當中，超過一半當年也都有依靠自家親屬征戰的經歷。由此可見，家族性創業團隊也是創業者可選擇的團隊類型，甚至它在創業初期，具有更強大的能量。

家族性企業儘管歷史久遠，但是在現代經濟中也彰顯出時代特色。形式上，家族性企業既可以是一人掌控，也可以是夫妻掌控、父子掌控、兄弟掌控，甚至是更為複雜的形式都有。這些不同的家族企業制度和組織形式，與創業者個人或者創業者家族的理念不同有關。只要是符合企業自身發展需求的，不管是哪種形式，都有可能成功，既有完全一人掌握股權的成功典型，也有不斷地稀釋股權，創業者最後只占百分之二至三的優秀範例。

家族性團隊的最大優點就是可以彌補創業之初的人力資源問題。絕大多數專案在初創階段，甚至在更長的一段時間內，公司規模很小，實力有限，待遇不高，前景不太明朗，很難從社會上找到專業素養較高的員工，隊伍也處於極不穩定的狀態之中，公司的員工流動性往往很大。創業初期，即使有一部分員工暫時留了下來，一般也都在尋找跳槽的時機，很難有人成為公司的「元老」。而人力資源對於創業企業來講是十分重要的，任何企業要想真正發展，隊伍穩定非常重要，最起碼也應該能穩定一個核心圈。因此對中小企業而言，員工的忠誠度往往比他們的能力更為重要。

面對招聘員工困難且不穩定的問題，實施家族性團隊策略對於創業者來說不失為一個好辦法，儘管自家親戚的能力比較有限，在管理上容易存在各種各樣的問題，但由於創業初期從外招聘的人員素質也往往不會很高，操作一個家庭隊伍還是相對要穩定一些。從某種意義上來講，家族性團隊是創業初期環境所迫之下產生的一種折衷辦法。

但是，家族性創業團隊也有其優點，這一點源自於家庭成員之間的感情因素。比如，在創業初期家族式團隊通常表現得更為團結，因為利益一致，所以是有著共同向心力的團隊，比之以股份合作夥伴或合夥人等形式體現的利益共同體，表現出更多的是專制與效力，而非民主。另外，家族企業中，家族成員間特有的信任關係和相對很低的溝通成本，也是其取得競爭優勢的有力泉源。

與此同時，家庭間的情感因素也是一把雙刃劍。效力的前提是必須有一個能夠集中大家的思想和意見，最後定結論的人，並且他能夠贏得尊重與信任，只有這樣才能夠建立起創業團隊的向心力。同時，如果家庭成員之間的溝通處理得不好，讓家族政治進入到企業之中，並且進一步地讓企業外聘人員也捲入到了家族政治當中，則會嚴重阻礙企業的經營發展，演變成家族鬥爭，最後一敗塗地。

所以，一旦創業者選擇家族性創業團隊這種模式，必須處理好以下幾個問題：

一、要處理好成員的專業素養問題

家庭成員的教育水準與稟賦參差不齊，能力也各有差異，這對於創業團隊的建設是一個較為困難的問題。管理者首先應當針對每個成員，通過一系列溝通活動，使他們意識到出於個人職業生涯良好發展的需要，必須努力提高自己的業務能力和專業水準；認識到家族性企業也和其他企業一樣，員工必須靠自己的能力為企業做出貢獻，並且得到的回報與之成比例。樹立起報酬永遠和貢獻成正比之觀念，推動員工養成良好的習慣和內驅力，並可以考慮讓員工以出資的方式適當入股，將大家的利益真正捆綁在一起。

二、要處理成員的鬥爭問題

家族成員之間的依賴感以及一致對外的傾向，會使企業中的家族成員在懶惰而缺乏鬥爭意識這一方面比其他創業團隊更為嚴重。最常見的表現就是家族成員總是傾向於負責一些比較輕鬆的工作，不願意承擔更多的壓力，樂於從事輔助和內勤類的工作。而這類工作對與公司業績的提升和今後的發展並沒有很大的貢獻，而創業型企業更為需要的是一線戰將，能夠替公司的業績提升產生直接影響。因此，團隊管理者應當激勵每位家庭員工樹立起鬥爭的意識，強制他們進入企業的一線去接受鍛鍊，只有這樣才能真正發揮出家族創業團隊應有的作用，為企業的未來奠定堅實的基礎。

三、要處理好成員之間賞罰分明的問題

家族式創業團隊的管理者更應當賞罰分明，不宜偏私，信守承諾。否則，不僅創業不成，連家庭成員間最基本的信任感都會消失。某個老闆由於缺乏技術人員，就將自己的侄女婿拉了過去，當時也沒有把待遇談好，只是口頭上說「好好做吧，肯定不會虧待你的」。轉眼間一年過去，他所兌現的待遇不但比同業低很多，甚至只比底線高一點點。更有一些缺乏管理經驗的創業者，由於初期找不到人，將自己的親戚拉過來，之後經營不佳，只好在本就承諾很少的工資基礎上不斷苛扣，最後整個團隊不歡而散。這樣不但無法提昇家族成員的積極性，甚至會導致他們產生一種非常強烈的羞辱感，漸漸萌生去意，同時還會導致親屬關係緊張，極端一點，還會發生眾叛親離的後果。因此，在創業之前，管理者就應當講清楚利益分成，並恪守承諾，按照有股權又在公司工作、有股權但不在公司工作、沒有股權但在公司工作，以及沒有股權也不在公司工作的四類家族成員，並公平分享利益。

四、處理好企業的繼承問題

創業者往往會在第二代子女中進行挑選，這便引發了家族成員內部的繼承人爭奪戰。如果能夠從家族內部找到德才兼備的候選人則皆大歡喜，但家族企業若面臨無法找到合適繼承人，或者繼承人之間發生兵戎相見的僵局，這時候外聘職業經理人就是很好的途徑。

除了處理好這些問題之外，另外一個很關鍵的問題就是不要讓家庭政治與家族企業建設相互影響。在這裡，為創業團隊提出一些行之有效的方法。

一、聘請外部專家來解決內部問題

正所謂「旁觀者清，當局者迷」，可以聘請外部專家組建一個公司治理諮詢委員會，給予家族企業系統性地診斷，以策略角度預防性處理這些問題，這樣就可以站在更為客觀的角度上看問題。

二、可以組建一個董事會

正如上市公司的董事會必須要在大小股東、經理人及公司其他利害相關者之間具有一個利益平衡和關係溝通、矛盾化解的作用一樣，家族企業董事會也要負責整合家族計畫和企業計畫。董事會的成員可以設置成家族成員、職業經理人和獨立董事各占三分之一的模式。這個董事會將成為有關企業重大問題的討論和決策場所，可以幫助家族企業所有權人和經理人之間建立並發展信任關係，並能在一定程度上保證家族企業所有權人和經理人相互承諾的實現。

董事會在提高家族企業策略決策能力和提高管理決策品質，以及家族企業接班人培養等方面，都能發揮有效的作用。董事會成員可以為家族企業的下一代提供企業之外的工作和生活經驗、關係網絡，充當下一代事業發展的導師，等等。同時家族成員可以將自身關於企業建設、如何處理家庭消費與關於企業矛盾的建議提交家族董事會，這樣可以避免家族成員之間干涉企業營運，進而可以在一定程度上預防和化解家庭政治對企業運作的影響。

總之，早期家族企業的成功源於家族創業團隊的穩定、家族企業領導人的領導魅力、對市場機會的準確把握等諸多因素。在家族企業創業的早期，市場環境的複雜性和動態性使得家族企業隨時面臨著夭折的危險，而以血緣為基礎的家族式創業團隊為了能夠抵禦市場的風險。必須以現代管理機制取代粗放的內部管理機制，同時通過引進策略投資者，優化家族企業的股權構成，或者安排合理的家族成員安置計畫，解決歷史問題等，尋找到家族與企業的平衡點。

家族性團隊在創業初期具有更大的能量，如果能夠揚長避短，採用此種創業團隊模式還是十分有利的，但是隨著企業的不斷壯大，就會出現企業利益與家族利益的衝突，演化為家族利益、企業整體利益和員工利益的三方鬥爭情況。因此，在企業發展過程中，始終要不斷調整團隊的利益分配。

在創業初期，先談生存再談發展

生存是發展的根基，企業初創時要有願景，但是具體的偉大策略都是等到公司在市場上站穩腳跟，已經衣食無憂了之後才開始規劃的。在企業初創階段，讓企業生存要比發展更重要。在創業之初第一個重要選擇就是尋找一個適合自己的創業模式，管理力求簡單務實，儘快打開市場，賺到第一桶金。

生存與發展是企業必須面臨的兩個問題，追求價值的最大化，是企業永恆的主題。有句俗話叫「勝者為王」，對於企業來說不如把它改為「剩者為王」更好。生存與發展二件事中，企業首先應當考慮的是生存的問題，只有在確保生存的基礎上，才能求得更好的發展，如果生存都出現問題，何來發展。

當前企業存在著一個問題，那就是創業者對自己的發展前途通常都非常看好，有的甚至把企業的「五年規劃」「十年規劃」都設計好了，但卻忘了在創業的初期節約每一寸金，當前生存的問題都還沒有解決好，就盲目設計未來。有資料表明，相當多的中小企業「出師未捷身先死」，而它們並不是死於激烈搏殺的競爭之中，而是由於自身在創業初期沒有打好生存基礎就盲目發展。

比如，在現實中，一些創業企業常常有這樣的計畫：一個年投資只有二至三十萬的餐飲店，卻想要達到「星級酒店水準」，這顯然對它來說不合適；再如，一個十來個人的微型箱包生產企業，卻有著去開拓歐美市場的遠大計畫，這個打算對於處在創業期的企業實在不理智；又或者一家年銷售才三十幾萬元的初創企業，卻有人建議它往「技術領先」地位邁進，成立研究開發部門，申請ISO國際品質認證，而事實是這個公司目前連一個專業技術人員都沒有；還有，商業計畫書中的市場，十年以後的前景總是被描述得非常好，雖然市場確實不錯，只是實際上企業能否度過初創的幾年，還是未知數。

比如這兩年興起的團購網站，一些團購巨頭不惜血本將廣告砸向地鐵、辦公大樓、戶外媒體、入口網站，甚至電視臺。據熟悉內情的內部人士透露，整個團購網站廣告投放計畫超過十億元。這些投放到廣告市場的錢，都來自不同形式的融資。換句話說，資本市場一旦對團購失去信心，團購網站就面臨斷糧的困境。不幸的是，這種假設正在成為現實。這些團購網站在創業初期就想擴大規模，賺到大錢，可是，不積跬步何以至千里？企業經營是一個積小勝為大勝的過程，營利是一個從小到大的過程，當下連小規模地獲利都做不到，如何大規模地賺錢？

因此，企業在創業的初期，切勿把「發展成產業龍頭」、「獲得區域性領先」、「構造有力的銷售網路」、「科技領先」、「國際化經營」、「佔領市場制高點」、「多角化經營」這類遠大抱負當做目標，而應當著眼於當下的生存狀況，特別是在經營策略上，應當以保生存為目標，不要盲目套用大企業的經營方法。而在公司經營管理上，企業重點的思考方向應該是，公司如何能夠營利？如何能夠生存下去？如何能夠取得自身獨特的競爭優勢？

在管理初創企業時，企業管理的首要目標應當是快速實現企業的經營利潤，獲得生存的資本，為企業的發展奠定基礎，注入新鮮血液。為了實現這一目標，企業應當以顧客為導向，快速形成企業營利的產品和服務、快速促成銷售成功，至於其他工作，則不一定顯得那麼緊迫。對於企業管理而言，不要急於把自己放在「管理者」的椅子上，只想坐在辦公室裡發號施令，而可能必須有大量時間精力要用在具體事務的處理上，比如一筆資金、一次採購、第一個產品、第一個顧客、第一筆交易、技術上的難題，有時哪怕這件事情實在很瑣碎。

另外，創業初期的另一個管理要點就是刪繁就簡，有條不紊不斷完善。由於創業初始，公司在資金、人才和實力等方面往往都不會具備優勢，被大量不確定性事務驅動和疲於應付的狀態在所難免，因此此時公司管理就應當有所調整，更加符合創業初期的公司情況。此時建議，在初創公司的管理條例上不要急於求全、求細，更不要把過多的精力放在管理條例的修訂和改善上。對於初創企業來講，管理制度不完善，有很多初創業者會用書面上的組織理論、規章制度、或者照搬照抄其他企業的規章制度，這無疑會埋下禍根。因此，企業應當堅定不移地著眼於公司當下的生存。

而在企業策略方面，初創期間的企業也應當採取一定的措施，首先，要轉變對於企業策略的看法。現在在許多中小企業以及創業企業眼裡，企業策略往往是大企業的法寶，只有大公司才有多餘的人力、財力去制定，而小企業因為規模小，產品單一，面臨的市場範圍較小，影響企業的因素也相對較少，所以不需要什麼正式的策略，既然以前的成功依賴的是某種「洞察」或「直覺」；以後，至少在一段時間內，也可以依賴這種天賦。

而創業企業因為具有更多的不確定性，恐怕策略即使制定下來也是「計畫趕不上變化」。事實上，這種觀念顯然是錯誤的，小企業的成功其實也歸因於當初某種正確的策略選擇。而與大企業的策略決策不同的是，小企業的策略選擇並不是按照嚴格策略設計而產生的，更多的是一種順勢選擇。也即是說，它們的不同點在於策略所側重的關鍵不同。

其次，要確定企業策略目標的核心。對於初創期的企業來說，首要的目標是生存。所以其策略的核心應當是企業生存的核心，也就是產品。如何以合適的價格將適合的產品送到目標客戶手中，是此時企業策略要考慮的中心議題。企業有限的資源都要圍繞這個目標來配置，而配置的效率和效果，就決定了企業未來的「生存品質」。此時，企業可以設立一定的銷售額和市場佔有率作為衡量標準，將實現目標作為企業策略。

具體而言，企業在策略制定上，可以從以下幾個方面出發：

一、行銷策略

行銷策略應該使企業明白自己的「有效客戶」和「潛在客戶」範圍、區域在哪裡，對市場進行細分，根據產品特點及企業資源，劃分出目標客戶群，理解這些客戶的行為方式、購買習慣等，並在此基礎上摸索自己的行銷管道和行之有效的銷售手段，初步建立起相對穩定的客戶群。

二、產品策略

產品策略主要考慮的是不同的目標客戶群，以及應當如何尋求產品定位。在產品基本功能之上，針對不同客戶，以各種附加功能及服務的不同組合，來滿足不同的需求。此一策略，需考慮新產品開發、產品線策略及品牌策略等一系列問題。

三、儲備資源策略

這種資源主要包括能力資源和人力資源。能力資源是指企業的創新能力，無論這種創新能力主要體現在企業的哪個方面，產品創新、管理創新或者工藝創新，這種能力都有可能會發展為企業未來的核心專長，所以在能夠初步識別的階段，就應當有意識地予以培養。這種投資必然會在不遠的將來為企業的發展增添持久的動力。人力資源既是保障企業達到目標的關鍵資源，就更加需要悉心培養。小企業應當至少設定一個三年或五年的發展目標，為了達到這個目標，為企業內部的「可造之才」創造各種學習和鍛鍊的機會，為企業的順利發展儲備人才。

一個新生的企業，首要任務就是從無到有，把自己的產品或服務賣出去，從而在市場上找到立足點，並賺取初創資金，使自己生存下來。在創業階段，生存是第一位的，一切圍繞生存運作，一切危及生存的做法都應避免。企業在創業階段需要特別避免的就是盲目擴大企業規模，制定不切實際的目標，一心想做一個市值幾百億的公司，一心想設計一個沒有天花板的舞臺，其結果只能是，「企而不立，跨而不行」。企業在分配資源時，各項資源，包括人、財、物、資訊、技術等資源，首先應用來確保企業生存所需，只有在解決了生存問題之後，再來考慮企業的投資與發展，切莫本末倒置，動搖企業的生存根基，「皮之不存，毛將焉附」？

正如孫陶然在書中寫到的，「我現在可以非常清晰地告訴你拉卡拉的中期策略，但二〇〇六年時絕對制定不出來這個策略，那時我們只是知道方向在哪裡，至於具體走到哪裡、怎麼走，一定是在走的過程中逐步清晰起來的」。對於剛創業者來說，重要的是把眼前的事做好，而不是企求有好的企業遠景規劃。

企業絕不能在高速運轉下與現實脫勾

全球化是一種人類社會發展的過程。現在的企業在全球化的背景下經營管理，所面臨的競爭不僅僅限於國內，已經擴展到了國際市場，競爭激烈程度大大增強，整個世界經濟高速運轉，而企業作為其中一個小環節，也在高速運轉之中。若周圍的大經濟高速運轉，而企業止步不前搞內耗，與現實脫勾，必然要被整個系統所淘汰，這就要求企業絕不能在高速運轉下脫勾。

從個體而言，內耗是指個體之間由於不協調或無序而引起的互相干擾、互相抑制的現象。由於內耗往往是無規則或按照潛規則隱蔽地進行，通過阻礙、干擾其他個體而達到目的，其結果是負面的。對個體而言，損人不利己，費時又費力，毫無益處；對企業則會造成長久的消極，甚至是致命的影響。所以，在經濟運行過程中，減少甚至消除內耗是一項較重要的任務，也是當前很多單位或部門極待破解的難題之一。

企業的管理者要充分認識內耗的特徵及危害，果斷採取行動，杜絕內耗。內耗，就是窩裡鬥，熱衷於窩裡鬥者有以下幾個特徵：

一、心胸狹窄

心胸狹窄的人，看到別人進步他就難受，別人越是發達他就越煩惱，別人越是成功他就越受不了。有這類心理的人會千方百計地使用各類手段向對方挑釁、誣告等。這種人一般當面不說，會議上也不說，總是等到會後、背後，才沒有根據地亂說。借彙報工作之名，打小報告甚至無中生有，是這類人的拿手好戲，造成許多誤會。

二、道貌岸然

道貌岸然的人善於偽裝，明明自己有不可告人的目的，卻總是說一套做一套，明明其私心比任何人都要嚴重，卻總要偽裝得高尚無私。

三、自以為是

自以為是的人，自我感覺良好，聽不進別人的意見，喜歡一言堂，為壓制不同意見，還經常用上級來嚇唬對方。

四、拉幫結夥

凡是內耗嚴重的企業和群體，一般都會表現為派系鬥爭嚴重，而且大多有權力的因素在其中起作用。參與內耗的人，光琢磨人不考慮事，只計算個人得失，不關心整體利益。

綜上所述，內耗所造成的危害是顯而易見的。

一、使整個企業內部不和諧。

大家都抱著「有則改之，無則嘉勉」的想法，捕風捉影地打各類小報告，讓想做事的人沒法做事，能做事的人做不成。比較普遍的現象是：在一個企業，會做的不如會說的，做得好不如說得好。

二、貽誤時機，甚至導致決策失誤。

由於內耗的存在，往往使得決策的時間過長，機會就不斷的錯失。毋庸諱言，有時內耗所導致的損失和危害，甚至比貪污腐敗還要嚴重，這必須引起我們的重視。

三、嚴重影響企業推動力，使企業發展受阻。

四、嚴重影響員工的原動力，使整體工作效率降低。

外部競爭危機重重，就算是拼個你死我活，至少還能為日後的發展累積經驗。而恰恰相反的是，導致很多企業垮掉或發展艱難的原因，並不是來自於外部市場激烈的競爭，而是無休止的內部消耗。這種內耗，在企業管理中普遍存在，不痛不癢地、不清不楚地消耗企業的資源。這是企業家或老闆們最為痛心的一件事！

二〇一〇年第一季宣佈營利的智聯招聘，在七月份也陷入一場高層內部爭鬥之中。該公司員工在同一月份內分別收到兩封來自CEO辦公室、內容截然相反的郵件，一封是宣佈罷免CTO余用彤、副總裁羅義華、技術部總監張春日，而另一封則是宣佈解除CEO趙鵬、COO雷衛明等高階職務。創始人與資方管理人如此鬥法，據說是為了使智聯公司財務與營運控制權成功地轉移。雖然我們並不知道裡面的真實內幕，但帶給社會的卻是不和諧的氛圍，而且有失大企業風範。更重要的是，讓正處於蒸蒸日上的智聯招聘遭受巨大的打擊。

那麼，為什麼會產生內耗效應呢？其原因主要有：

一、由於認知不協調而引發的

由於群體內成員相互的生活空間、時間以及知識、經驗，特別是能力、風格等不一樣，因此對事物的認識就會不一樣，哪怕是對同一事物，也會有截然不同的觀點。這種不同的認識觀點就經常會造成相互間的誤會，甚至情感方面的影響，從而產生衝突、對抗，引發摩擦，最終產生內耗效應。

二、由於情感衝突而引發的

人都是有情感的。但由於人的認識不同、個性有別，因此，對事物或人所賦予的情感也是不同的。特別是在群體中、人際交往中，這種情感會表現得淋漓盡致。它對人的行為起著直接的調節作用。正因為這樣，如果大家情投意合、感情融洽就會產生凝聚力，減少內耗。如果大家關係緊張、情感分離或常常發生衝突，那麼內耗就大，不能齊心協力，就會引發內耗效應。因為冷淡、憎恨、悲觀、仇視、嫉妒、猜疑、埋怨、急躁、責難、厭惡、煩躁等消極情感具有極大的破壞力，常常能使群體產生劇烈的衝突，影響相互間的團結。因此，切不可「意氣用事」或「感情用事」，防止內耗效應發生。

三、由於行為方式與習慣不同引發的

由於生活環境和扮演角色的不同，常常會發生不同的行為方式與習慣。例如一個一直以來就生活在父母從事高階工作的家庭之中，而且從小自己也一直擔任幹部的人，他的行為習慣往往會帶有支配性強、命令口氣重、開拓性強等方面的特點；而一個從小就生活在藍領階級家庭中，而且一直也沒有機會當過幹部的，那麼他的行為習慣往往就會帶有服從性格、聽話、開拓性差等方面的特點。這種行為習慣的人在一起，如果不加以有效調節，有時內耗效應就易於發生。協調的好，就會產生互補效應。

四、由於個性差異造成的

人的個性差異是普遍存在的。在群體中、或人際交往中，這種差異更易於觀察體驗。一旦出現這種差異，就會引起對同一事物的看法不同，造成對問題的處理方式不同，這樣就容易造成群體內的衝突，人群交往的衝突，也就容易引發內耗。

總之，內耗是由於認識因素、情感因素、行為因素與個性因素的不同。因此，想克服內耗，就必須協調上述的四種影響因素，盡可能得到統一，以減少內耗，避免負面效應。以下有幾個建議：

一、優化管理體制和運行機制

通過建立健全完善的競爭體系，真正做到「幹部能上能下，員工能進能出，薪酬能高能低」，同時加強企業文化建設，樹立統一的核心價值觀，增強員工對企業的認同感，強化員工對企業的歸屬感，從體制和文化兩個方面減少內耗的產生。

二、互相之間多做交流、溝通，宣導充分發表意見

暢所欲言，讓各方都充分表達自己的意見和觀點，同時要求相關人員特別是主要管理者做到仔細聆聽，理解對方的觀點和意圖，對各方面的意見都進行認真討論和分析，形成統一意見，最後確定行之有效、又能兼顧多數利益的方案。

三、樹立領導權威

樹立領導權威，和個人崇拜、一言堂有根本的區別。作為一個領導者，必須言行一致，擔任各項規章制度的表率，並做到在執行各項制度時人人平等。除此之外，在具體的實施中，領導者應從提供安全的工作環境和提高工人勞動積極性等方面入手，保證做好工作的人能得到肯定和重用。

四、建立規範透明的決策機制

對於企業的重大決策，除做好詳細的調查研究，制定可行性實施報告外，還應建立規範透明的決策機制。針對決策中存在的問題，要做到既打擊違法違紀者，又保護支持改革者。既保護好反映情況的人，更要依法處置誣告者，樹正氣，驅歪風。

五、建立決策的風險抵押機制

以經濟槓桿來控制決策風險，降低內耗產生的損失，減少決策失誤。

專案一旦定位之後，就不要輕易調整

專案的定位一旦確定之後，就不能輕易改來改去，胡亂調整，特別是朝截然不同的方向變動。那樣不但會使大眾覺得定位模糊不清，而且還會引起原來定位消費群體的誤解和反感，造成資源投入的巨大浪費。

任何成熟產業，都有自己不同的週期，都有大大小小的成功者。任憑風吹雨打，不盲目跟風，不隨意轉行，堅守住領地，是創業者應當遵循的一大法則。

創業者選定了專案就要勇往直前，而且要不怕困難。成功的富豪都經過失敗的歷練，失敗教會他們成功。

萬向集團總裁魯冠球兒時家境貧寒，他的父親在上海一家藥廠上班，收入微薄。他和母親在貧苦的農村相依為命，日子過得十分艱難。初中畢業後，為了減輕父母沉重的生活負擔，魯冠球回家種地，過起了普通農民的生活。十四五歲本來是讀書的大好時光，告別學校的魯冠球內心很是痛苦，他暗下決心，一定要出人頭地。

後來，經人幫忙，魯冠球當起打鐵小學徒。此後，魯冠球就成了鐵匠。打鐵是非常苦的工作，一個十五歲的鄉下孩子早出晚歸地跟著大師傅掄鐵錘，一天到晚大汗淋漓，而工錢卻少得可憐。但魯冠球卻非常滿足，他慶幸自己有了一份不錯的職業。然而，命運往往捉弄人，就在魯冠球剛剛學成，有望晉升師傅時，卻遇上了經濟蕭條。魯冠球感到自己又一次陷入了失意。他知道，他必須尋找新的突破點。

魯冠球的三年學徒生活，使他對機械設備產生了特殊的情感，那是一種用勞動的汗水凝成的情感。當時住在鄉下的農人總要走上七八里的路程，才能到市集上磨米麵，魯冠球也不例外。久而久之他竟然不自禁地對軋麵機、碾米機發生了興趣。而且他發現，鄉親們磨米麵要跑的路太遠了，很不方便，如果在村內辦一個米麵加工廠，一定很受大家歡迎，而且也可多賺些錢。如果能在村裡合資買一台機器，既省了磨麵的錢，又省了鄉親們的時間。親友們得知魯冠球的想法後，都很信任他，也很支持他，紛紛回家翻箱倒櫃，勒緊褲腰帶湊錢，買一台磨麵機、一台碾米機，辦起了家庭米麵加工廠。

在那個年代，米麵加工廠是禁止私人經營的。魯冠球開加工廠的消息不脛而走後，被安上了「不務正業，辦地下工廠」的罪名，立即查封。魯冠球和鄉親們一面到處托人求情，一面到處換地方。一連換了三個地方，最後還是在劫難逃，加工廠被迫關閉，機器按原價三分之一的價錢拍賣。當時的魯冠球負債累累，只好賣掉剛過世祖父的三間房子，陷入了傾家蕩產的境地。

此後魯冠球很長時間都吃不下飯、睡不好覺，整日閉門不出。讓他感到特別痛苦的不僅是這次的失敗，還有為家裡帶來的巨大壓力，父母用血汗換來的錢就這樣化為烏有。但是，魯冠球沒有消沉，沒有埋怨命運，沒有抱怨生活，而是重新挑起生活的重擔，奮然前行。沒過多久，他成立了農機修配攤，修理鐵鍬、鐮刀，自行車等。後來，他的生意越做越好。

機遇永遠垂青於有準備的人。一九六九年，有人找到了魯冠球，要他接管一家農機修配廠。這個農機修配廠其實是一個只有八十四平方米破廠房的爛攤子，很多人擔心魯冠球會陷進去難以自拔，但魯冠球以其敏銳的觀察力認定可以以此作為創業的起點。於是，魯冠球變賣了全部家當，把所有資金都投進了工廠裡。雖然這個工廠前程未卜，魯冠球卻把自己的命運完全押上去了。

魯冠球真正的成功與「萬向節」密不可分。萬向節是汽車傳動軸與驅動軸之間的連接器，因其可以在旋轉的同時任意調轉角度而得名。當魯冠球開始接觸萬向節時，全中國已有五十多家生產廠商，市場非常飽和，唯一有空間的市場是生產進口汽車萬向節。一個鄉鎮小企業想生產工藝複雜的進口汽車萬向節，在許多人看來，無異於飛蛾撲火。而且，魯冠球不惜丟掉其他已有產值的產品，把所有資源都集中在萬向節上，讓許多人難以理解。

直到今天，當我們重新審視這一決策時，不能不為魯冠球過人的判斷力和選擇小廠走專業化的道路而拍案叫絕。萬向節雖然生產出來了，但是一九七九年當魯冠球為剛剛問世不久的產品尋找銷路時，卻遇到極大的困難。在當時的政治環境下，一個出自鄉鎮企業的產品很難取得政府的幫助。萬向節必須自己創天下。魯冠球租了兩輛汽車，滿載萬向節參加山東全國汽車配件展。三萬名客商，沿街的展銷點，卻沒有魯冠球的一席之地。三天過後，魯冠球摸清了各路廠家的價格，毅然提出大降價的決定，市場頃刻之間發生了變化，

魯冠球瞬間站在市場的最前面。

創業者要有堅強的意志和持久戰的毅力，把創業路上的坎坷視為當然。一個人能否成為百萬甚至千萬富翁，可以依靠幾年的好運和努力，或者一兩次機遇就足夠了。但一個人能否成為「大生意人」，「大企業家」，成就足以使他人和後人欽佩的事業，則需要持之以恆的努力和付出。一家優秀企業的形成，一份長久事業的形成，甚至一個優秀專案的形成，往往都不是一兩年、三五年所能做到。他更可能需要創業者的畢生心血。創業路上平常心很重要，堅韌的毅力是創業者應該具備的第一素質。

那麼，創業者應該選擇什麼樣的專案呢？很多創業者從表面上看，什麼熱門就做什麼，最為省心省力，是聰明人所為。但他們幾乎都忽略了一個極為重要的現象，那就是每一次新的選擇都意味著重新投入，每一次放棄都意味著血本無歸，這樣極易導致資源的高度分散和浪費。對於資金本來就不太寬裕的創業者而言，不斷更換創業專案，無異於一次次失血，是非常致命的。如果將不同專案上的沉沒成本集中起來，繼續在原有專案追加投入，則可能早就度過了導入期，進入了飛速發展階段。

行百里路者半於九十，固然令人感到可惜，但接連不斷行百里路而半於九十，更是令人遺憾的事情。這最起碼說明你是願意投入的，同時還是有辦法持續投入，只是為了緊急止損，而投入到自認為更有前途的專案上。說白了，就是這山望見那山高。

對創業者而言，與其更換專案，還不如集中資源彌補各方面的不足，將原有的定位強化起來，這樣效果可能要比大幅調整定位好得多。創業與別的事情不一樣，當你在專案運作過程中發現問題之時，切忌亂了陣腳，得病亂求醫，慌不擇路，這樣會造成資源的極大浪費，使你陷入更加被動的境地。而應當對自己的定位及資源配套情況進行重新審視，如果定位確實存在嚴重問題，即使堅持下去都沒有發展起來的希望，我們就要有壯士斷腕的勇氣，當機立斷；如果現有定位與發展趨勢相吻合，尚可以通過調整和加強各種配套資源解決現存的問題，我們還是應當堅持下去，而不是一遇到問題就臨陣脫逃。即使再好的專案，都有一個導入期，再準確的定位，與市場之間都會有一個磨合期，存在問題是必然的。如果一遇到問題，就認為定位需要調整，恐怕永遠也不能將定位確定下來，留下無限遺憾。

試圖通過不斷更換專案，來取得創業成功，不但容易造成資金上極大浪費，無效投入倍增，還有會使得創業者的能力無法得到真正提升，老處於「半罐子醋」的低水準狀態之中，而自己卻渾然不覺，歷經滄桑倒是真的，但未必幹練老到。這又是事業發展道路之上的一大殺手。

特別應當提到的是，不隨意跟風有兩個方面的意思，既包括不隨意跟風進入某些專案，同時也包括不隨意推出某些專案。即使當初確是跟風進入，但只要整個產業市場比較成熟，仍具發展空間，就有堅持下去的必要。因為一陣瘋狂之後，大多數進入者由於種種原因會選擇退出，而只要你熬過寒冬，春天就會向你招手，此時競爭環境相對寬鬆，同時你也累積了豐富的產業經驗，這些都為創業專案真正成功創造了條件。

創業爬坡階段，最忌後院失火

創業與打工很大的不同，就是工作和生活難以分開，事業和家庭發生衝突是常態。「一個成功男人的背後，總有一個偉大的女人」，這句話說出來可能是對女性的讚美，但對創業者而言，是一個非常沉重的話題，隱藏著創業者的血淚和辛酸，特別是白手起家之輩。

夫妻之間的密切關係，決定了夫妻之間相互影響、相互滲透。因此，大力宣導和積極營造和諧的家庭環境，爭當賢內助，就成為一個商人家庭最重要的幸福密碼。夫妻二人鬥智鬥勇，生活在壓制與反抗的較量中詼諧前行，有歡笑也有淚水。

這一切無不樸實地說明幸福的家庭需要一生的苦心經營，打開幸福密碼的鑰匙往往也披著不讓人理解、甚至令人討厭的外衣。正所謂「良藥苦口利於病，忠言逆耳利於行」。也許有人不禁要問，妻子的作用，或者說家庭的影響，對一個人真的有這樣大嗎？

答案是肯定的。其實人們很早就認識到家庭對一個人的重大影響和重要作用。有一首歌是這樣唱的：「把一塊泥，撚一個你，塑一個我，將咱兩一齊打碎，用水調和；再撚一個你，再塑一個我。我泥中有你，你泥中有我；我與你生同一個衾，死同一槨。」家庭成員之間這種血肉相連、榮辱與共的關係，決定了配偶一方做出了成績，另一方也為之光榮；配偶一方出了問題，結下的苦果另一方也要跟著吞咽。

龍威實業有限公司是一家年產值七千多萬元的私人企業。丈夫虞龍海是董事長，妻子金菊芳掌管財務，兒子虞晉平是副總，一家三口分別持有百分之四十、百分之三十和百分之三十的股份，是典型的家族式企業。而一場夫妻之間的離婚案，導致該企業陷入危機，昔日的明星企業處於破產的邊緣。

虞氏夫婦於一九八三年開始共同創辦家庭工廠，兒子虞晉平高中畢業後也加入了創業的隊伍。一九九三年，他們建立了龍威實業總公司，性質為集體所有制。一九九七年，該公司改制為龍威實業有限責任公司。如同大多數民營企業一樣，龍威公司是經過一家人的共同努力，從家庭小作坊一步步發展起來的。目前龍威公司已成為一個擁有近億元資產的民營企業，在產業內佔有重要的市場佔有率。但公司在快速發展中，夫妻雙方的家庭矛盾也在加劇。二〇〇〇年以來，雙方爭吵不斷，互相指責對方有第三者，三十多年的婚姻陷入危機。

二〇〇二年十月，虞龍海和金菊芳離婚。虞龍海要求法院對龍威公司的資產按夫妻共同財產進行分割，同時申請對龍威公司的全部財產強制查封，防止公司財產被轉移。法院遂凍結了龍威公司八百萬元的銀行存款並查封公司相關財產，限制全部已知債務人向公司清償債務，同時以保全證據為由查封了財務會計帳冊。由於兩位股東之間的家庭矛盾，以及法院長達兩年的審理和凍結債權，龍威公司現已無法正常經營，企業經濟效益、信譽度亦隨之一落千丈，昔日的地方經濟支柱企業龍威公司，目前面臨破產的危機。

虞氏夫婦離婚時，財產分割成了一個難題。虞龍海請求法院依法分割夫妻共同財產約五千四百七十點七五萬元，其中包括龍威公司資產。但金菊芳認為，龍威公司作為獨立法人實體，其財產是獨立的，不能作為夫妻雙方的共有財產。與此同時，公司的另一位重要股東虞晉平也認為，法院把龍威公司認定是家庭合夥人企業，而不是具有獨立法人資格的有限責任公司是不合理的。就在各方爭論不休的情況下，法院一審認定「因夫妻共同財產中涉及龍威公司工商登記的其他成員以及與之有關的債務債權，尚需對財產狀況進行審核界定，短期內無法確認夫妻共同財產的數額，財產部分待查明事實後再行處理」。

法院在審理期間查封了龍威公司的銀行存款、三千多萬元的債權，以防止資產轉移。但由於兩年來案件遲遲不能判決，致使公司無法正常運作。虞晉平看到公司的現狀焦慮不安，他希望法院早日解封，讓公司儘快恢復生產。但是，希望很是渺茫。

龍威公司困境難解，類似的家族企業也面臨同樣的危機。俗話說：「妻賢夫禍少。」無論是妻子還是丈夫，都應該對配偶在事業上給予幫助和支援，在生活上傾力照顧和體貼。當配偶在工作中遇到困難、遭遇誘惑而心感煩憂時，妻子或者丈夫一定要給予理解和分擔，多一些善意的提醒，守好「大後方」，監督和規範對方的行為。

對很多人而言，一旦開始創業，就沒有了退路，無異於背水一戰。無論是成功，還是失敗，抑或遭受波折，都得堅持下去。倘若選擇退出，成本會更高，甚至還會致命。而沒有多少資金的創業者，在前期所遭受的壓力更是超乎想像。人力不足、資金有限，絕大多數事情都不得不親力親為。跑銀行、工商、稅務，與供應商協調談判，開發市場尋找客戶，生產服務環節管控，市場環境調查，未來發展規劃，皆須自己親自辦理，哪方面做得不到位都不行。這不光需要勞心勞力，時間也被塞得滿滿的，很多時候所有的事情都在逼近極限。如果此時能有個賢內助分擔一部分壓力，當然更好；倘若沒有能力分擔，那麼不添亂倒也罷了；最怕的是碰上自以為是，天天找碴，成事不足敗事有餘的類型。

仍處於爬坡階段的創業者，如果沒有一個好的伴侶，甚至總是製造麻煩，後院失火，將是非常痛苦的一件事情。本來你的時間已經非常緊湊，精力容不得半點分散，只能拼命努力向前，後面只有懸崖，稍有不慎，就會粉身碎骨。如果這時有人偏偏不顧全大局，因為一些零碎的事情找你麻煩，那就慘了。遇到這種情況，無非有幾種選擇：第一，儘量溝通，求得對方的理解和支持，底線是不再添亂。當然這樣做的效果怎麼樣，不是自己能完全控制得了的，可能很有效，也可能毫無效果，一切照舊。第二，為了家庭而放棄自己的事業。這樣做，看上去好像也是一個不錯的選擇，但最終只能一步一步將自己推向絕境，因為你已經沒有退路，事業上的失敗就意味著人生的徹底失敗。當你一分錢都沒有，財富還是個巨大負數時，當你連下一碗飯在哪裡都不知道時，當連生存都是問題的時候，其他的一切都是鏡中花、水中月，家庭最終還是難以維持下去。生活是建立在物質基礎上的，不要抱有任何幻想，生活就是這麼現實，這麼殘酷。第三，不作調整，維持現狀。這好像是兩頭都能兼顧，其實兩頭都做不好，干擾因素過多，精力難以集中，事業容易墜入萬丈深淵，家庭最終還是會破裂。第四，放棄婚姻，保全事業，其他事情等創業進入穩定期，能夠有大量雇員分擔壓力之後再作考慮。

任何人面臨這個選擇的時候，都會非常痛苦，而理性的做法只有第一種和第四種。我們盡力溝通和協調，如果不能取得理想的效果，那只能選擇第四種情況。

對立足未穩又缺乏退路的創業者來說，這又有什麼辦法呢？兩害權衡取其輕，先定守局，再圖進取。人生總會有缺憾，唯一能夠做到的就是不要讓遺憾太多。

創業者比常人承受著更多的壓力和忙碌，更需要得到家庭成員的理解與支持。處於爬坡階段且已經沒有退路的創業者，最忌諱後院失火。如果您不幸遇到了這種情況，捨棄婚姻保全事業，可能會是你最痛苦但最理性的選擇。

在導入期，控制住成本就算一種營利

對中小企業來說，越是在外部經營環境困難、企業利潤大幅下滑的情況下，成本控制的重要性越突出。比如遇到原物料上漲、市場萎縮的情況，成本控制的好壞往往會決定中小企業的生死存亡。

經營一家公司的目的應該是獲利。你對於今天、本月、本季的利潤有多少，是否有所掌握？當專案產生三十萬的月營業額時，為何會有兩萬、五萬、八萬的不同利潤結果？「營業額－成本－費用＝利潤」是一家公司獲利的基本公式，營業額的增加是開源面的探究，成本與費用是節流面的探討，有了開源的極大化效應與節流的合理性控制，二體並存才可謂是經營永續的達成。

控制成本的方式有以下幾種：

一、通過集中採購招標降低採購成本。

中國移動搭建B2B電子商務平臺，上半年集中採購金額兩百七十二億元，與上年比直接降低採購成本九十七億元。

二、通過強化資金管理降低財務費用。

中航工業清理「內部三角債」近六十億元，節約財務費用三億元。

中國石化、保利集團等企業調整融資策略，充分利用發行債券、中期票據等融資管道，優化融資結構，降低資金成本。

中國五礦轉變經營模式，調減資金支出預算，嚴控庫存和預付款規模，年末存貨、預付款比同期減少五十二億元。

三、通過精益管理壓縮可控費用。

中國華電推進全面預算管理，上半年可控費用比預算進度減少四點八億元。

四、通過技術創新、節能降耗降低生產費用。

中國化工集團實施「零排放」管理，從源頭開始，加強節能減排，上半年萬元產值耗標煤比同期下降百分之七點五五，廢水排放量比同期下降百分之十五點八。

家底豐厚的大企業尚且將成本控制到了滴水不漏的程度，中小企業甚或剛剛創業的經營者，又怎麼能不精打細算呢？

在創業導入期的時候，我們最容易做到的就是控制成本，能不花的錢儘量不花，能省下的錢絕對要省。因為省就是賺，將寶貴的資金節約下來，以便用在更為需要的地方。在市場經濟環境下，企業應樹立成本系統管理的理念，將企業的成本管理工作視為一項系統工程，強調整體與全域，對企業成本管理的對象、內容、方法，進行全方位的分析研究，從而達到降低成本，提高效益的目的。

美國鋼鐵大王安德魯．卡內基說過：「密切注意成本，你就不用擔心利潤。」對任何企業來說，節約成本開支、降低產品售價，都是提高競爭力、改善經營效益的關鍵所在。

低成本一直是戴爾公司的生存法則，也是「戴爾模式」的核心，但是戴爾的低成本和沃爾瑪一樣，是一項全方位的工作。戴爾公司的一切，都是圍繞著力求降低產品成本這個最高宗旨而運轉。

戴爾公司的生產和銷售流程以其精確管理、流水般順暢和超高效率而著稱，這也大幅度降低了成本，創造了產品低價。戴爾的零庫存政策中，產品的庫存時間是不超過兩小時的。相對來說，其他公司的庫存時間則在八十天左右。

為提高利潤，戴爾還精於計算，將量化管理滲透到所有業務流程中。戴爾每種新產品，在推出的各個環節上都需要嚴格計算成本，這將成本始終控制在最低程度上。戴爾公司首席技術官蘭迪・格道夫斯表示，戴爾公司通過零庫存和直售，平均比對手降低了百分之十的成本。也就是說，戴爾所出產的同型電腦，會比對方便宜五十美元。

那麼，創業者在導入期該如何有效地降低企業的生產成本呢？具體舉措有以下幾個方面：

一、第一次就把事情做好

有許多企業常常將總營業額百分之十五～百分之二十的費用花費在測試、檢驗、變更設計、整修、售後保證、售後服務、退貨處理以及其他與品質有關的成本上。換句話說，真正耗費金錢、精力、時間的，正是生產低劣的產品。如果企業第一次就把事情做好，那些浪費在補救工作上的時間、金錢和精力，就完全可以避免。

基於此，為了減少次級品，強化品質，把產品一次做到最好，生產部門的工作人員可以採取如下措施：

（1）做好事前控制，不合格的原物料不准投產，不熟練的工人不得進入崗位，不符合要求的機器設備不得運轉。

（2）建立原物料標準、半成品標準、備件標準、工藝標準和檢驗方法標準等，一整套標準，並嚴格貫徹執行。

（3）在企業內，必須普遍樹立起「品質第一」的意識，要求全體員工都必須關心產品品質，嚴格把關。

二、不要盲目地開發產品

有人認為開發出獨家產品，才能夠顯示出企業強大的技術和經濟實力，是搶佔市場的獨特優勢。但企業在開發新產品時，切勿盲目。

技術領先並不意味著產品一定就符合市場需求。當產品過於領先市場、領先消費趨勢時，一樣難以成為暢銷品，更何況開發新產品的先期投入高，風險大，失敗後損失也相對巨大。

譬如，銥星公司以衛星手機開路先鋒之姿，推出了衛星手機，技術領先，全球獨家，但由於價格昂貴，購者寥寥，致使企業資金鏈斷裂，無法維持經營。而日本的索尼公司，一直堅持「不首創，只改進」的開發宗旨，所以產品往往以完美形象上市，贏得了眾多消費者青睞，佔據了較大的市場佔有率。

三、多看、多聽、多比較

所謂貨比三家不吃虧，經營者本身不應該在盲目的情況下身陷戰場，而不知外面早已群雄環生、虎視眈眈。「出走管理」是當下盛行的經營模式，善用此法，將特價、折價品等策略挪用在自己的店內，成本自然可降低。

四、導入獎懲制度

當發現公司內從業人員大都屬於「被動型」時，此制度就得順勢推出。若達到制定標準就施以獎勵（如獎金、禮券、休假……），未達成（需明瞭原因）則給予薄懲（如減薪、記缺點……）。恩威並施可收較好效益。

五、同業可以為師

此法較適用於連鎖加盟產業，可透過會議、聯誼活動及總部的資訊來源（當然必須是總部經營數字透明化的條件下），清楚知道同樣經營形態的店鋪是如何合理控制成本，進而取長補短，讓自己獲取更大的利益。

最後，監管成本也是一種企業的成本，能夠降低監管費用，無形中也能為企業省下許多費用。管理的最高境界，就是能夠充分激發員工的積極性和主動性，在管理者的引導下自動自發地工作，這就是所謂的降低監管成本。這個目標看似可望而不可及，但只要透過一些方法，還是能夠辦到的。

江先生開了家軟體外包公司，他就管理得非常輕鬆，從一起步就實現了快速增長。其管理秘訣其實很簡單，可歸結為「三高」模式，即高招聘標準、高薪酬待遇、高考核指

標。在這種模式下，他們公司員工的招聘要求很高，學歷、能力、經驗、潛質和成功案例一個都不能少，一上任基本上就能獨當一面。他們的薪酬水準比同行平均高出一倍，但公司對於生產力的要求也比同行平均水準高一倍，如果無法完成任務，即被淘汰。

這樣一來，儘管工作壓力非常大，但大多數員工還是選擇接受，同時也都願意主動接受挑戰。因為每個人心裡都很清楚，無論自己由於哪種原因走人，出去之後薪酬都只會是這裡的一半。雖然可以利用兼職取得同樣收入，但兼職並不是那麼好找的，即使能夠找到也不太穩定。從勞動做出的貢獻來衡量，這裡的待遇並不比同行好多少。

換句話說，等於是公司提供了一個穩定的兼職機會，而這裡畢竟比兼職收入穩定。且與高手一起工作的過程中，自己的能力也會得到迅速提高。考慮到妻子、孩子、房子、車子、面子等一些現實因素，大部分人最終還是選擇留下來努力。同時因為生怕達不到考核要求，被公司資遣，反而會積極主動地提高效率。這樣一來，就很容易達到降低監管成本的目的，同時也提高了產出效率，提高了收益。

因此，作為企業的管理者，在制定管理制度時，一定要充分考慮到執行此制度是否對員工有正面的激勵作用，而非讓員工越來越怠慢；在執行此制度時是否非常吃力，並且使管理成本大大增加。只有充分考慮到執行和監管的可行性及成本，企業才可以在一個很好的氛圍中大步向前，創造利潤。

抱持大躍進的雄心，不如先試賣再推廣

很多滿懷著雄心壯志的領導人，不明白目標需要分階段實現，非要把企業辦成大企業不可。拼足全力往上攻的結果，就是摔得很重。其實，越是心急越達不到目的，事緩則圓。很多時候，如果太過急於大躍進反而會事倍功半；在公司的發展上，先試賣、再推廣，分兩步走，往往速度會更快。

成功的核心就是：「做對的事情，並把事情做對。」企業也和人一樣有生命週期，如同一個孩子從孕育到成長再到結婚生子的過程，這些環節只能一步步走，不能跨越。經營公司如同長跑，要快速啟動，迅速行動，但是過程之中還是必須一

步一步來。設立了遠大目標後要分成幾個階段，一個階段一個階段地跑。

很多的創業者在創業之前都有一個美好的目標和一個自以為周全的計畫，然而實踐之後才發現，原來很多精心策劃好的事情總是會碰到各式各樣的難題，創業經歷可以稱得上是多災多難，難題更是層出不窮。在這種時候，沒有良好過程感的創業者，往往很容易跌入低谷，甚至就此放棄創業的想法，這是很可惜也很遺憾的。而對於其他那些勇於面對過程中重重困難的創業者來說，遇到難題是為了鍛鍊他們應變能力的機會。即使這次失敗，他們也會在過程中吸取足夠的經驗，來日再戰。

很多時候，挫折是源於過程感的缺失，尤其是成功之後再次起程時。產品出爐後，需要做市場推廣，企業也會進入成長期。這時特別要注意兩點：一是要做試賣，二是不要迷信外來和尚。

不論是賣產品還是賣服務，不要一開始就大張旗鼓地在全國推廣，一定要做試賣。因為即便產品開發者也是用戶，對產品的理解也可能並不是使用者的理解。你必須要清楚，當你開始進入研發狀態的時候，每天都沉醉在其中，對產品的熟悉程度遠遠超越普通用戶，你已經不可能理解普通用戶的使用體驗了。

「穩勝求實，少用奇謀」是一代中興名將曾國藩多年實戰經驗的總結。做專案也是如此，一步一步、一個階段一個階段的發展，貪多嚼不爛，想要發展壯大，穩勝求實方為正道。

威廉·格蘭特算得上是美國商業史上的「少年英雄」，他白手起家創立的格蘭特公司，由小本經營起步，發展成為美國屈指可數的大企業。威廉·格蘭特生於一八七六年，十九歲時就顯示出自己過人的經營才華，當時他掌管波士頓公司的一家鞋店。

一九〇六年，格蘭特拿出自己的全部資金在林思市投資一萬美元，開設了第一家日用品零售店。兩年後，他在美國其他城市開設了格蘭特連鎖店，到一九六〇年代，格蘭特的年銷售收入近十億美元，躋身美國知名大企業行列。

值得一提的是，格蘭特公司定價策略的運用，正是其成功的重要環節。在零售業競爭十分激烈的情況下，格蘭特認真研究後，將其所經營的日用品價格定位在二十五美分，高於「五美分店」和「十美分店」，但低於普通百貨公司的價格。而格蘭特公司的陳設格局，又比廉價的「五美分店」和「十美分店」格調高。這一價格定位，同時吸引了百貨公司和廉價商店的顧客。

但是後來的盲目擴張，卻使得格蘭特公司走上了沒落之路。格蘭特公司不斷發展連鎖店，到一九七二年，新開辦的商店數量就已經是一九六四年的兩倍，但利潤卻沒有隨著規模的增長而增長。到一九七三年十一月，格蘭特公司的利潤只有百分之三點七，該年格蘭特全年營業額達十八億美元，但利潤卻只有可憐的八千四百萬美元，創該公司歷史新低。

讓人遺憾的是，此時它並沒有放慢擴張的速度，一九七四年，格蘭特公司的連鎖店猛增到八萬兩千五百家，是十年前的一千多倍。與此同時，它的總債務也節節攀升，在一百四十三家銀行的債務達七億美元，公司信譽急劇下降。一九七五年十月，格蘭特公司不得不申請破產，使八萬員工丟了飯碗，成為美國歷史上第二大破產公司，也是美國零售產業中最大的破產公司。

有效的擴張可以造就一代企業梟雄，沒有節制的擴張卻可能是一場浩劫的開始。過快的擴張速度，會使企業面臨巨大的不確定性。

企業在發展鼎盛時期盲目擴張導致失敗的例子不勝枚舉。企業的高層管理者為了避免盲目擴張為企業帶來災難，在決策時應該要保持冷靜的頭腦。

推廣之前必須經過試賣，否則你無法知道是否應該堅決地推廣，尤其是推廣遇到阻礙時，是堅持還是調整，你根本無法決策。經過了試賣，答案就很清楚了。如果試賣是成功的，那必須堅持；如果試賣沒有成功，那根本不應該推廣。

試賣是一種非常好的工作方法，現實工作之中，不管我們對一個方案如何有信心，都要先進行試賣，把方案先做一遍，看能不能達成預期目標。如果能夠達成，就要深入總結是如何達成預期目標的，以找出規律進行複製。如果不能達成預期目標，就要改進。

一般情況下，試賣要找一個具有代表性，但又不是主要市場的地方展開，其中的核心要點是，藉由試賣來驗證想法是否可行，拿出有說服力的資料來。

需要注意的是，在做試賣時，一定要搞清楚我們試賣的是什麼，一般而言，試賣的目的有三個：

一、驗證方法是否可行。

二、收集資料，量化方案。

三、列出清單，制定成手冊，讓所有的人都能夠複製。

試賣的要點，第一是親自參與，並且試賣方案必須具水準，否則沒有意義。第二是方案必須是可複製的，如果試賣成功馬上可以複製推廣。如果試賣的方案不符合上述兩個特點，寧願不試賣。

同時在推廣之前必須打樣。打樣是工廠按照委託，先行製作一個或數個符合規格的樣品或繪圖樣，給客戶修正並確認，之後才簽訂生產合同，開始量產。樣品屬於前期承接產品的預備工作，以確保方案的可行性以及可複製性。所有的推廣都應該是複製樣板的過程，試賣不成功的方案投入推廣，可能是巨大的災難。

打樣必須注意到的細節有：

一、最好親手打樣

打樣是驗證專責人員對於策略戰術的設想，我們的方法論之中有一條：親手打樣。專責人員必須親自部署，親自打樣，以確保試賣的方案是最高水準，也確保執行中調整的效率。如果自己不會做，只好授權給別人，就不能把握結果是否合乎標準，這樣授權的結果很容易脫離自己的掌控。

二、必須是可複製的

打樣試賣，應該是可以複製的。即你試賣的必須是有共性的、可複製的做法。如果試賣成功了，但這個方案是一個不可複製的方案，這個試賣就不該做。因為，試賣的目的，就是要找到可複製的方案及最佳實施方法。

三、堅持細節

打樣不怕慢，過程之中要堅持細節，收集資料，找出方法和規律。這樣做是為了量化指標，使複製更加有基礎。根據打樣過程中採集的資料綜合分析，能夠得出自己的想法是否可行。倘若與原本的設想差之毫釐，也必須重新考慮整體設想。同時，對於打樣過程中出現的問題也要隨時進行總結，儘量避免問題的再次發生。取其精華，去其糟粕。將打樣得出的經驗教訓編輯成冊，並將相關資料量化，以便在推廣過程中更加順利。

打樣的過程要細，要慢，一步一腳印踏實的做好美一個細節。這是一個反覆的過程，在反覆中不斷驗證自己的設想。而且要能夠複製，不能複製的方案即便試賣成功也是沒有意義的。打樣試賣的最終目的，就是為了推廣。

四、編定手冊

打樣的同時必須寫出操作手冊，以便複製時任何人均可按照手冊操作。複製的時候，必須有培訓，必須有量化的指標，必須限期達成。

此外，企業的創始人在這個階段很容易迷信外來和尚，這其實是對自己的不自信。創始人可能認為自己的隊伍中沒有熟悉這方面的人，所以要請一個高手來為全套的行銷方案背書。身為創業者的你一定要自信，要相信自己以及團隊裡的人就是做這件事情的合適人選。既不要故步自封，也不要迷信什麼高手能把這些問題都解決掉。

企業的高速成長期，每天都有更多的新訂單，交易量也不斷創新高，企業的士氣會變得異常高昂，這時候創業者的心態會發生極大的變化，比如開始思考多元化、正規化、請「空降兵」等。

追求超常規的發展，必然會導致你的心態急躁，同時也必然要求以超常規的投入為前提。這種過度投入是不可持續的，一旦投入停止了，發展也就終止了，並將導致全面崩盤。

因此公司的成長是需要控制的，企業的發展速度並非越快越好。過快的增長必然是掠奪式的增長，一旦發展速度過快，你的管理能力、新員工的擴充，以及擴充進來的人跟你的文化融合等問題都會暴露出來。

如今，浮躁的現象很普遍，企業界的心態和邏輯都有問題。從心態上看，大家對錢、對上市，總是有一種衝動，大家都渴望以超常規的方式獲得超常規的發展，這樣的心態直接催生了一些沒有道德底線的現象。而在西方企業中，心態多半要淡定很多，他們更加關注的是價值成長。企業隨著你為消費者、為市場創造價值的提高而發展起來，收益也隨之增長。

從邏輯上看，企業發展有自身邏輯，一旦超越了這個邏輯，成長和繁榮就不可能持續。現在有很多企業，設定的目標是今年四百人明年是四千人，今年三個分公司明年三十個分公司，這就是是典型的掠奪式增長。

請思考企業的管理能力能不能跟得上？人才能不能跟得上？資金能不能跟得上？客戶能不能跟得上？如果能跟得上，非常好，恭喜你獲得了超越式的發展；如果跟不上，那就危險了。記住，大躍進失敗的結果，必然是大倒退。

I WANT TO BE MY OWN BOSS

品牌形象與經營特色

03 CHAPTER

品牌要有一個長期規劃

初創企業要想建立自己的品牌，除了做好產品和服務外，一定要定下心，對品牌有長遠的規劃。在策略規劃的指引下，將自己的品牌樹立起來，讓消費者產生信任感，從而帶動企業的進一步發展。

有人問松下幸之助：「你覺得松下要多少年才能夠真正成為世界品牌？」

松下回答：「一百年。」

事實證明，松下沒有花那麼長時間。

又有人問：「打造一個品牌最重要的是什麼？」

松下說了兩個字：「耐心。」

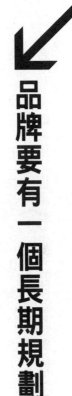

紡織大廠恆源祥多年來一直禁止企業為恆源祥旗下任何一項產品做廣告，它只為「恆源祥」三個字做廣告。經銷商們當然希望恆源祥的廣告一打出去，馬上就有大量的消費者去購買，這樣的廣告策略讓恆源祥的經銷商十分焦急，因為銷售成果無法立竿見影。但是，恆源祥集團董事長劉瑞旗卻堅持這麼做。

他曾說：「做品牌是需要耐心的，必須將所有的廣告預算全部用在打造恆源祥品牌上。」於是，堅持只為「恆源祥」三個字做廣告，成為他一貫的品牌策略。

堅持拒絕為旗下的各類產品做廣告——做到這一點相當困難，因為恆源祥必須不斷地說服經銷商，同時還要對很多大牌廣告公司的建議視而不見。但劉瑞旗多年堅持的結果，是恆源祥品牌的普及率在中國大陸市場上達到百分之九十三點九。

在一項針對世界一百個著名品牌所進行的研究中，發現其中有八十四個品牌是花了超過五十年的時間打造成功的。僅有十六個品牌花了不到五十年時間就成為世界品牌，而這些品牌中，一種是由於發生了全新的技術變革，另外一種則是因為連鎖經營模式的發展，而造就了世界品牌。除此之外，其他品牌都花了五十年以上的時間，可見這是需要耐心的。

從建立品牌、發展品牌、推廣品牌到鞏固品牌，是一項長期而艱巨的工作，建立卓越的品牌並非一朝一夕之功，也不是僅憑大筆金錢投入和短期廣告轟炸就能實現的，需要恰當的定位、長遠的規劃和耐心的堅持，需要專注和執著，更需要貼心的設計和優質的服務。

中國百年老店同仁堂的歷史，就見證了真正的品牌是如何錘鍊而成的。

同仁堂是中國醫藥界的一塊「金字招牌」。三百五十多年來，雖然經歷風雨滄桑，但同仁堂一直生生不息，在各國醫藥公司崛起的今天，同仁堂仍能不斷擴大經營規模。同仁堂到底有什麼奧秘，使自己的「金字招牌」越擦越亮呢？同仁堂何以名滿天下？

「吃同仁堂的藥令人放心。」年過八旬的王老先生對此深有感觸，「二〇〇三年北京爆發SARS，我來這兒配一副預防的中藥。等了好久都等不到，一開始大家都在埋怨，還以為是他們要留著漲價。後來才知道人家是為了等到合格的原料到貨後才抓藥。」王老先生又接著說，「仗著這份仁義，同仁堂就能做天大的生意！」

而同仁堂這份「仁義」是自古就有的。北京同仁堂是中藥產業界著名的老字號，創建於一六六九年（清康熙八年），自一七二三年開始供奉御藥，歷經八代皇帝一百八十八年。在三百多年的風雨歷程中，歷代同仁堂始終恪守「炮製雖繁必不敢省人工，品味雖貴必不敢減物力」的古訓，樹立「修合無人見，存心有天知」的自律意識，造就了製藥過程中兢兢業業的嚴細精神，其產品以「配方獨特、選料上乘、工藝精湛、療效顯著」而享譽海內外。

百年老店就是在對品質和服務的執著追求中，一步一步走過來的。只有百年老店才能產生真正的世界品牌。

全球很多知名品牌，都是在長期發展和進化的過程中形成的。企業在打造全球品牌的時候，要有雄心壯志，但是不能太急，太急的話，打造出來的可能是一個很快就會被淘汰的品牌。

品牌也與管理相關，既與企業的短期營利行為有關，比如說產品的定位，產品的定價；同時也與企業長遠的發展有關，比如企業的策略，產品的策略。

品牌是一個產品形象，也是企業形象，它不僅是市場行為，也是一種文化累積。樹立起一個知名品牌，往往比締造一個企業難得多。許多知名品牌，都是經過了幾十年乃至幾百年的努力，才樹立起來的。

品牌就是效益。溫州人就曾經敗於不注重品質，沒有品牌。但憑著敏銳的商業感覺，溫州商人如今也意識到，自己千辛萬苦的創業，挖空心思的經營，打造出了優質產品，卻發現了一個問題：批發上千套服裝所帶來的收益，還不抵一套國際名牌西裝零售帶來的回報。這種場景的確令人尷尬。經過冷靜反思的溫州商人總結出——只有走品牌之路。對此，溫州永嘉縣企業家王振滔有著深刻的認識。

創辦於一九八八年的溫州奧康集團，就是以品牌贏得市場的。如今，奧康皮鞋連鎖專賣店遍佈全中國各大城市。

當初，奧康集團的總經理王振滔在各地推銷皮鞋時，所有大商場都只認「上海貨」，因為顧客認可「上海貨」。有些精明的溫州皮鞋企業與上海聯營，同樣的皮鞋，只要貼上上海廠家的商標，就暢通無阻。因此，王振滔開始對「品牌」這個市場通行證有了新的認

識，產生了「創造自有品牌」的念頭。

後來，他又見到不少報導，產品出口到國外，明明品質與世界名牌差不多，卻只能賣到十分之一的價格。消費者寧可出高價買名牌，也不圖便宜買無名之牌。名牌的魅力多麼神奇，多麼不可思議啊！

王振滔對品牌產生了濃厚的興趣，不斷搜集品牌方面的資訊，吸取一些企業在品牌運作上的經驗，開始了自己的品牌策略。

首先是從生產方式上，徹底改變家庭作坊的粗放生產初級模式，走規模化、集約化、現代化企業的發展之路。這個想法是正確的，實現卻是困難的。蓋廠房、進設備、引人才，樣樣都需要錢，但錢從哪裡來呢？他想到了「股份合作制」。一九九一年，他以個人的信譽和企業發展的前景，說服了一些親屬及小企業主，以股份合作形式，開始了第一次生產擴建。當年產值就突破了一百萬元。一九九二年，又進行了建新廠房的二次擴建，在招募員工上，也以年輕的知識份子為主，這次又招股兩百萬元，完成了新廠房擴建和老廠房改建。

一九九三年，奧康跨出了新的一步，與外商合資建立了中外合資的奧康鞋業有限公司。此時廠房、設備、人員已初具現代化企業規模，當年被評為「最佳經濟效益」第一名。王振滔的作為，也引起了社會各界的廣泛關注。

一九九五年，雄心勃勃的王振滔又聯合十多家中小企業，組成了集團公司，成了名副其實的皮鞋領軍人物之一。一九九七年，該集團產值高達十八億元，擁有兩千多名員工，旗下分支機構達二十多家，。

借著企業進步發展的良好勢頭，王振滔專程赴義大利考察取經，世界著名鞋業王國的先進技術和管理手段，更堅定了王振滔開拓進取的信心。正是由於這種信心的作用，一九九九年底，一座佔地四萬平方米、建築面積達四十五萬平方米的現代化先進設備廠房開始投入使用。「奧康鞋業」至此已經在國際上形成了一個真正的品牌。

回顧自己追求產品品質、打造品牌的艱苦努力，王振滔感觸良多。這一回顧自然使他想到了早在一九九〇年，他逆風而動，推出「奧康」品牌，一炮打響的策略。

那時，「溫州鞋」受到消費者的撻伐餘波未息，他就註冊了「奧康」商標，並挑戰性地標明產地為「溫州」。他這一舉措，並非盲動鬥氣，而是經過深思熟慮後的鬥勇鬥智。當時，一些粗製濫造的廠家，懾於形勢，已退出市場。這正是難得的商機。他相信自家皮鞋的品質和款式，會得到消費者的認可。「真金不怕火煉」，在這種形勢下，正是打出品牌的好時機。果然，他這一奇招，在武漢大獲全勝。消費者從試買到競相選購，「奧康」之名不脛而走……

王振滔的謀略，正暗合了《孫子兵法》所言「凡善戰者，以正合，以奇勝。故善出奇者，無窮如天地，不竭如江河」。一個品牌的建立不僅需要策略，需要長時間的鍛造，而且更需要膽識和非凡的勇氣。

當然，品牌塑造的目的是為了實現銷售，達成企業的經營目標，不是為了塑造而塑造。塑造一個品牌的真正意義不僅僅在於企業能藉由品牌取得較大的經濟利益，其社會效益也是深遠的，例如解決就業問題、增加國家稅收、刺激消費等等。

每一個品牌的建立無不是企業通過其完美的產品品質、完善的售後服務、良好的產品形象、美好的文化價值、優秀的管理結果等因素來實現的，是管理者投入巨大的人力、物力甚至幾代人長期辛勤耕耘，從而使消費者對其所形成的評價和認知。

品牌是需要規劃的，比如公司計畫推出若干新產品，是否用現在的品牌還是用新的品牌？新的品牌和現有的品牌之間的關係需要好好規劃。如果市場發生變化，如果消費者的偏好或消費者環境發生了變化，產品的品牌是否需要調整，公司的品牌是否調整，這都需要規劃。

品牌規劃要基於將來的趨勢，要著眼於未來，要具有前瞻性。品牌策略的決策，主要是由高階團隊做出，並且向下傳遞。品牌策略的規劃則要結合現有的情況和企業的實力，做出系統分析，繼而訂定品牌策略規劃，為組織提供清晰、完整的發展方向，保證品牌的培育和使用效益的最大化。

建立品牌形象，再小的公司也要樹立品牌

對於企業而言，品牌就是競爭力。「品牌」（brand）一詞來源於古挪威文字brandr，意思是「烙印」，它非常形象地表達出了品牌的含義——「如何在消費者心中刻下烙印？」品牌是一個在消費者生活中，通過認知、體驗、信任、感受，建立關係，並佔得一席之地的消費者感受的總和。

作為經營者，再小的公司也要有品牌意識，要為自己的公司創建一個成功的品牌信號，並清晰地瞭解並利用顧客體驗影響消費者對品牌的感知。利用顧客體驗，你就可以創建有效的品牌信號，讓你的品牌深深地印在消費者的腦海中。

很多人發現，每次去超市，隨手從貨架上取下一堆東西塞進購物車裡，結帳時發現，從日用品到食品，沒有叫不出品牌的，沙宣的洗髮精、統一的優酪乳、樂事的洋芋片，就連泡麵都是康師傅的。這就是很多現代人的消費習慣，在不知不覺中被各種品牌影響著。

隨著產品的不斷豐富，消費者對品牌的依賴也會隨之加強。為什麼說品牌集中了一切？我們從三個角度來分析。

一、從消費者角度看

從消費者角度看，品牌具有五大功能。

（1）識別功能：幫助消費者辨識品牌的製造商、產地。

（2）導引購買功能：幫助消費者迅速找到所需要的產品。

（3）降低購買風險功能：幫助降低品質風險和金錢風險。

（4）契約功能：消費者與製造商透過品牌形成一種相互信任的契約關係。

（5）個性展現功能：透過購買與自己個性品味相吻合的品牌來展現自我。

二、從企業角度看

從企業角度看，品牌具有如下作用：

（1）品牌是產品競爭的有力武器。品牌與產品形象、企業形象密切相關。一個好的品牌是能提高企業聲望、擴大產品銷路的「開路先鋒」，是參與市場競爭的好幫手。

（2）品牌有助於產品促銷。好的品牌，可以穩定並逐步擴大銷路。另外，品牌對新產品上市有極大的助力，消費者更容易接受已有良好聲譽的品牌。

（3）品牌有助於保護企業的利益。經過註冊的商標具有嚴格的排他性，註冊者有專用權。一旦在市場上發現假冒商品，已註冊的企業可依法追究、索賠，保護企業利益不受侵犯。

（4）品牌有助於監督、提高產品品質。企業創立一個品牌，要經過長期不懈的努力，才能在消費者心目中樹立牢固的信譽，要維護品牌形象，必須不斷鞏固和提高產品品質。因此，品牌是企業自我監督的重要手段。

（5）品牌資產形成。好的品牌是企業寶貴的無形資產，具有極高的價值。在企業內部，品牌對於提高員工的凝聚力，增加其自豪感，激發員工的創造性和工作熱情有著不可估量的作用。

三、品牌的社會效應

（1）聚合效應。名牌企業或產品在資源方面會獲得社會的認可，社會的資本、人才、管理經驗甚至政策都會傾向名牌企業或產品，使企業聚合了人、財、物等資源，形成名牌的聚合效應。

（2）磁場效應。企業或產品品牌，擁有了較高的美譽度後，會在消費者心目中樹立起極高的威望。企業或產品吸引消費者，消費者會在這種吸引力下形成品牌忠誠，反覆購買、重複使用，對其不斷宣傳，而其他產品的使用者也會在品牌的吸引下開始使用此產品，並可能同樣成為此品牌的忠實消費者。這樣一來，品牌實力得到進一步的鞏固，形成了良性循環。

（3）衍生效應。品牌累積、聚合了足夠的資源，就會不斷衍生出新的產品和服務，品牌的衍生效應使企業快速發展，並不斷開拓市場，佔有市場，形成新的品牌。

（4）內斂效應。品牌會增強企業的凝聚力。名牌的內斂效應聚合了員工的精力、才力、智力、體力甚至財力，使企業得到提升。

（5）宣傳效應。品牌形成後，就可以利用知名度和美譽度傳播企業名聲，宣傳地區形象，甚至宣傳國家形象。

（6）帶動效應。名牌的帶動效應是指名牌產品對企業發展的拉抬，名牌企業對城市經濟、地區經濟甚至國家經濟具有強大的帶動作用。另外，品牌對產品銷售、企業經營、企業擴張都有一種帶動效應，這也是國際上所謂的「品牌帶動論」。

（7）穩定效應。當一個地區的經濟出現波動時，品牌的穩定發展一方面可以拉抬地區經濟，另一方面也起到穩定軍心的作用，使人、財、物等社會資源不至於流走。

由此可見，品牌意味著高品質、高信譽、高效益、低成本。做企業要做自己的品牌，知名品牌既是企業的無形資產，又是企業形象的代表，更是一筆巨大的財富。它包含著智慧財產權、企業文化，以及由此形成的商品和信譽。一般來說，有了品牌也就容易塑造企業的形象，反過來說如果在品牌的基礎上進一步推行企業的整體形象策略，也就更有利於品牌的擴展和延伸。

品牌優勢在競爭中的地位正逐步被業內人士所認識，中小企業如果沒有技術上的精益求精和工藝上的專業特色，在未來競爭中就很難站住腳跟。如今企業間的競爭越來越表現為產品的競爭、品牌的競爭。

毫不誇張地說，一個品牌能夠改變人們對世界的看法，它能改變消費者對產品的感知、選擇以及優先程度。一個強健的信號可以有效地傳達出品牌形象，它是人們看待及體驗品牌的決定因素。

二〇〇四年九月，歐洲最大的電子消費品製造商飛利浦，決意改變自己「小家電巨頭」的形象，將「讓我們做得更好」的廣告語變為「精於心、簡於形」。飛利浦計畫為此舉付出八千萬歐元。飛利浦總裁兼首席執行長柯慈雷宣佈這八千萬歐元將用於在包括中國、美國、法國在內的全球七個重點地區，發動一場廣告公關行銷推廣大戰，將藉由對這些地區的廣播、電視、平面媒體和網路等全方位的轟炸，將新的品牌定位傳達給全世界的消費者。

如同許多百年老店一樣，飛利浦這家歐洲老牌跨國電子巨頭，在盛名之下，前進的步伐已經開始力不從心。從它的財報上看，飛利浦已經連續七個季度出現虧損。

「我們期待這個新的品牌定位，能夠改變飛利浦在消費者心目中僅僅是一個消費類電子企業的形象。我們希望消費者能聯想起『便利』或者類似的生活方式，確保消費者輕鬆簡便地使用這種技術或享受生活。」飛利浦首席行銷長芮安卓表示。飛利浦用八千萬歐元實現了華麗的轉身，二〇〇四年，飛利浦的品牌價值僅為三十五億歐元，二〇〇六年已經達到了六十五億歐元。

飛利浦花八千萬歐元得到品牌價值的實現和提升，是不可估量的，企業家要改變過去那種只重短期效應而不重長期效應的短視行為。中小企業如何才能有效地建起強勢品牌呢？首先就要端正認識，走出盲點。

認識決定行為。在品牌建設的認識上，許多中小企業還存在盲點，使他們裹足不前：

一、以銷量代替品牌

認為品牌太虛，看不見摸不著，「我把銷量做大的結果也是一樣的？」甚至有人說，「銷量這麼好，這不是品牌的力量是什麼？」殊不知這正是創立品牌的大好時機。佔領市場無疑是重要的，但這還不夠，更重要的是要佔領消費者的心。只有建立消費者忠誠度，讓品牌在消費者心中擁有地位，才能使自己未雨綢繆。無論產品多麼相似，只要有品牌就能使它變得與眾不同。否則，過不了多久模仿者來了，到那時再驚呼就有些晚了。

二、做空殼品牌

與上面相反的是，有人把品牌當成了外殼，設想先做響一個品牌（外殼），然後不管往外殼裡放什麼產品，什麼產品就一定好賣。他們認為，只要把「外殼」做出了名，在品牌（外殼）的作用下，成功是順理成章的事。他們把做品牌當成了母雞孵小雞，簡單化、庸俗化，不知道品牌與產品之間必須產生關係，也不懂品牌需要靈魂和個性。

其實做品牌就是要做銷量。如果做品牌不是為了銷售，品牌還能當飯吃嗎？做品牌本來就是為了賣產品，在現在的競爭環境中，行銷手段必須加上品牌，才更有效果。在銷量中做出了品牌，在品牌中做出了銷量，不管誰先誰後，重要的是讓兩者相得益彰，而不是各自在平行線上運行。

建設品牌是理性的、科學的過程。一個品牌的塑造過程，就是一個企業的提升過程。一個品牌被市場、被消費者認可的過程，也就是一個企業由小變大、由弱變強的過程。只要樹立正確的品牌觀念，再小的企業，都可以飛上枝頭！

三、做品牌投入高，風險大

許多人認為做品牌就是拼命打廣告，做知名度。但眼看著一個個巨人潮起潮落，於是以此為鑒，認為不能做這麼燒錢的事。他們不知道做品牌還有其他辦法，結果品牌成了被犧牲的無辜者。

四、打造品牌是個漫長的過程，快速建立起來的不是品牌

這句話不能代表一切。的確，最有價值的品牌有很多是在歷史的長河中沉澱下來的百年品牌，但是沒有任何證據證明這些老品牌當年是緩慢成長的，更沒有人否認新興品牌如「三星」、「微軟」不是品牌。

品牌之路不是因為成長速度慢而漫長，而是方法不正確導致的漫長，以及品牌豎立起來之後，為了堅持和維護的漫長。大多數情況是，如今的大品牌，如果當年不是快速建立起品牌，如果方法和定力不夠，可能早就夭折了。

快速建立品牌沒有什麼不對，做品牌不是快慢的問題，關鍵是企業在快速建立了品牌知名度和快速達成了銷售量之後，又做了些什麼。

許多人把品牌當成了奢侈品，以為是大企業的專利。其實，建設品牌從來就是一個漸進的過程，是與企業自始至終相伴相生共同成長出來的。有誰聽說哪個企業做大後才說：「好了，現在我們開始創立品牌吧」。哪個大品牌不是從小品牌發展而來的？所以，中小企業不必人人自危，要有自信力。創立強勢品牌，就從以下幾個重點做起！

一、中小企業要始終保證產品的品質

眾所周知，一九八〇年代初的海爾只是一個資不抵債，瀕臨倒閉的小廠。是得過且過，缺乏品牌競爭力和危機意識的企業。後來，張瑞敏硬是在眾多的職工面前，將七十六台不合格冰箱砸成了垃圾。正是這種品牌意識啟動了海爾人的品質危機感，連帶保證了市場。因此，若要讓產品成為企業品牌的標誌，那麼中小企業的負責人們不論在什麼情況下都應該關注品質。這是中小企業長遠的需要，當產品贏得了消費者的信任與支持後，品牌自然就會潛移默化地形成。

二、中小企業在發展的初期，就應該制定長期的品牌策略目標

品牌建設是長期規劃與努力的結果，任何大企業都是從曾經的中小企業做起的，任何品牌也是從名不見經傳的累積而形成的。所以說中小企業應該充分地意識到，創建品牌不是一朝一夕的事，只有長期不懈的努力，才能獲得最終的成功。

三、中小企業創建品牌應注重「五個統一」

即，統一的理念，統一的個性，統一的視覺語言，統一的傳播資訊和統一的企業形象。當今時代是個資訊膨脹的時代，企業的產品和形象要引起消費者的注意，必須具有獨特的個性。而要使消費者在眾多個性化的資訊中，單獨對你的產品留下深刻的印象，就必須要不間斷地以統一的方式加以強化傳達。

四、中小企業創建品牌切記量力而為

只有根據企業自身的現狀，在保證品質的前提下適當地投入與規劃，經過持久不懈的努力，才可能獲得豐碩的回報。

保持商標、公司、品牌名稱的嚴肅性和穩定性

商標、公司、品牌名稱，是和商譽、知名度聯繫在一起的，一旦確定之後，就要保證其嚴肅性和穩定性，切忌改來改去。一方面，任何一次改動，在相當大程度上都意味著之前的企業認知元素整個前功盡棄，而且已經耗費的時間、金錢和精力，都等於是資源的浪費；另一方面，頻繁改動商標、公司、品牌名稱等認知元素，會令人留下很多非常消極的印象。

商標是企業的標誌，其專有使用權不具有時間性的特點，只在所依附的企業消亡時才隨之終止。

公司名稱對一個企業將來的發展至關重要，因為公司名稱不僅關係到企業在

產業內的影響力，還關係到企業所經營的產品投放市場後，消費者對企業的認可度。

品牌也是資產，並且是更重要的資產，企業的經營就是品牌經營。品牌是你的產品和服務留在客戶心中的印象，是可以讓你生存發展的出路和武器。

保持商標、公司、品牌名稱的嚴肅和穩定，有利於提升商品的等級和品味，頻繁變動會使顧客留下不穩定以及不謹慎的消極形象；也有利於提升公司形象，商標、公司、品牌名稱等，是商品形象和文化的主要載體和重要體現，穩定的公司形象更容易為公司贏得客戶的信賴和合作，獲得社會的支持；更有利於塑造品牌形象，不隨意更改商標、公司、品牌名稱，使得商品易於識別，形象鮮明，讓人記憶深刻；最後，穩定的商標、公司、品牌名稱，也有利於節省大量廣告費以及時間等耗費，畢竟任何改動都需要耗費資源。

商標、公司、品牌名稱如同一個人的姓名，所謂「行不更名，坐不改姓」。一個人頻繁更改姓名，可能帶給別人幾種印象，一是非常浮躁，與這類人打交道需要謹慎；二是此人可能發展很不順利，或者遇到麻煩較多；三是性格偏執異常迷信，容易被人洗腦與誤導；四是到處招搖撞騙，或是做了很多見不得陽光的事情。同樣的情況也能應用在公司上，如果頻繁變動，也會給人留下很多非常消極的印象。商標、公司、品牌名稱就是企業的認知體系，哪怕是看上去很簡單的免費客服電話，都需要花費大量時間、金錢，任何一次改動，所耗費的資源都是巨大的。而且企業規模越大、使用的時間越久越是這樣。拋開別人的印象不談，頻繁改動這些企業認知元素，就意味推廣工作需要從頭來過。對於創業者而言，資源本來就緊缺，現在又被浪費，將會使得創業之路更加艱難。也正因為如此，如果原有體系不存在嚴重缺陷，或者不到萬不得已的時期，原有任何要素都不要隨意改動。即使改動，也要考慮過渡期和連續性，不能一夜變色，否則很可能得不償失。

Gap在二〇一〇年十月的時候拋棄了經典的藍色Logo，換成了一個新的、更有現代感的Logo。沒有想到的是，新標誌剛推出，就受到了猛烈的抨擊。批評者認為新的Logo設計得太不專業了，完全無法匹配舊有Logo的優雅。甚至有人註冊了一個批評這個設計的Twitter帳號，發表了一些犀利的評論，例如「如果你到他們的公司實際考察一下，你會覺得你是在看一個Helvetica字體的紀錄片。」（Helvetica是一種設計中常用的字體，Gap的新Logo就使用了這種字體。導演Gary Hustwit曾為這種字體拍攝過一部紀錄片。）

而另一些人則認為，他們可以為Gap做出更好的設計，並舉辦起非官方的設計比賽。Gap被這些客串Logo設計師的熱情所震驚，或許也想順便看看有沒有免費的設計可以利用，Gap在Facebook上發表了一個奇怪的聲明，表示他們想要在網路上徵集大家的設計方案，並從中挑選出較好的Logo設計。但是為時已晚，這一事件對品牌已經造成了損害，而且他們的聲明看上去更像是在哭著喊著乞求幫助，而不是一個聰明的行銷策略。

幾天之後，Gap取消了一切，並在他們的Facebook上宣佈：我們又換回舊Logo啦。「我們意識到我們錯過了參與線上社區運動的時機」，他們在Facebook上這樣寫道。由於這個過失，他們把一次可能成功的線上活動，搞成了一個尷尬的錯誤。

這樣的知名品牌，在試圖革新企業形象的時候也未能取得理想的結果，可見改變企業早已存在的認知體系，可能產生的負面影響不容忽視。一旦引起顧客的不滿，會使企業處在相當尷尬的境地，企業在決定更改之前要做好十足的考慮。繼續保持原有認知體系，或許不失為一個不錯的選擇。

在北京曾有一家潤滑油企業在當年的聲勢與現在市佔率最高的統一潤滑油旗鼓相當。兩家都是在一九九〇年代中期起步，甚至有一年這家公司做到一億的時候，統一潤滑油才有幾千萬的銷售額。這家基礎還算不錯的企業，也不知道老闆出於什麼考慮，每隔一兩年就註冊一家新公司、創立一個新品牌，在市場上重新推廣。最誇張的時候，有三、四個不同名字不同品牌的公司在同時運作。二十一世紀的最初幾年，這種模式或許還行得通，每個牌子一年賣上四、五千萬，算下來也有一至兩億的營業額。但這明顯是一種耗費資源的做法，每次重新策劃、重新包裝和重新推廣，都需要大量投入，難以做大。

結果幾年下來，統一潤滑油做到了十多億，而這家企業則是一年不如一年。截至目前，統一潤滑油年銷售額已達四十億元左右，早已由一家民營企業華麗轉身為可拍集團旗下的成員，而那家企業卻再也難覓蹤影。

試想當初如果這家公司不在變更公司及品牌名稱這件事上下工夫，而是一心一意打造自己唯一的品牌，以它曾經優於統一潤滑油的業績，想在北京站穩可能不算什麼難事。但

到頭來，它卻把賺來的錢花在了打造新的公司和品牌上，最終落得慘澹收場。

商標、公司和企業名稱，一旦生成面世，就開始在人們心中產生了影響，若能長期保持，在人們心中的地位也就能逐漸根深蒂固，若經常改動，給人的印象可能淡化，甚至淡出人們的記憶，其影響力也日益分散降低。公司的發展本來就是一件具有困難和風險的事情，經常變來變去，只會使得之前的發展和影響力前功盡棄。甚至知名品牌的改變，還可能會帶來極強的社會情緒，即使及時更正過來，造成的損失也已經無法挽回。

正如之前所說，商標、公司和品牌名稱，只有保證其嚴肅和穩定，才能藉由多個領域、諸多管道不斷重複和強化，而變得具有價值。

結合經營特色選擇商業區

商業區是指區域性商業行為集中的地區，一般位於城市中心交通方便、人口眾多的地段，通常圍繞著大型批發中心和大型綜合性商場，由數量繁多以及不同類型的商店構成。不同的商業區會有不同的消費習慣和主要客戶群，因此一個公司在選擇商業區時，需要作多方面的調查和分析，在所有影響商業區的選擇因素中，如何結合經營特色有著決定性的作用。

經營特色，顧名思義，指的是公司所經營的產品或服務具有與眾不同的特色。它可以表現在產品的設計、性能、品質、售後服務、銷售方式等方面，公司經營特色使公司在競爭中處於有利地位，使同產業的現有公司、新進入者和替代產品都難以在這個特定領域與之抗衡。選擇商業區的關鍵在於客戶群的分佈和商業區的氛圍，是否與自己的經營特色相符。如果不把經營的類別與當地實際情況相連結，很可能會浪費了大量時間、金錢、精力，卻達不到預期的收益。相反，如果找對了適合自己特色的商業區，就等於掌握了賺錢的先機，利用商業區帶來的各種便利條件和經濟效應，為公司創造業績。

一家公司一旦註冊並開始營運，各種成本費用也就跟著接踵而至。選對了商業區，企業就可以漸漸產生規模效應，取得收益。一來該商業區符合企業的文化氛圍，企業所提供的產品或者服務能夠滿足當地消費者的需要，因此能取得較好的收益；二來公司可以發揚自己的特色，增強自己的競爭力，打擊其他競爭者，使自己站穩腳跟，有利於長期發展。

比如大型國際酒店的聚居地帶，該地區多是以旅行、商務為主的消費者。不同於一些平價旅店聚集區的是，該地區內的消費一般較高，而這些短期停留的旅客不可能僅將酒店作為消費場所，因此以服務和娛樂為主的KTV、酒吧等娛樂場所，都會有比較大的發展空間。

再如分佈在郊區的別墅區、高級住宅區，租金相對便宜，同時該地區內的居民不可能到市中心進行所有消費，因此大型生活用品賣場、精品服飾店、家用電器專賣店等都有發展空間，同時這些區域多半有充足的停車空間，都能吸引周圍社區的居民到這裡消費。

在大型商場，以辦公大樓為中心，週邊多為辦公室職員消費的商業區，餐飲服務和銀行服務需求量較大，因此開設速食店、小吃店和銀行，是相對符合多數消費者需求的項目。

一家攝影公司以影視古裝造型為主要風格。這個公司沒有像其他店鋪一樣選在影城附近林立的地點開店，而是選擇了城市中一處獨特的仿古商業街。由於十分符合古裝攝影的氛圍，加上很多戲劇也會在這個街道取景，許多顧客慕名前來。同時這條仿古商業街原本就是有名的旅遊景點，許多遊客在經過這家攝影公司時，也會被其特殊的風格吸引，因而來到店內拍照留念。該攝影公司根據自己的特色，迎合了仿古商業街的需要，滿足消費者的需求，因此生意做得非常好，取得了極大的成功。

該攝影公司靠著敏銳的市場洞察力，選擇與自己經營特色相符合的仿古商業街，適應了環境的需要，取得了極大的成功。試想如果他們選擇在影城附近與同行競爭，那麼該公司可能面臨的就是另一種命運了。由此可見，在開店選址時，要充分考察商業區的氛圍是否與自己的特點相契合，結合商店經營的特色，選擇合適的商業區，才能夠帶來更多的經濟效益。

很多公司在選擇商業區的時候，往往只看到商業區內的某個優勢，就盲目的決定將那裡選為公司的營業位址，這種未經全面考慮的決定，最終只會造成不必要的損失。要知道流動人口多的地方不見得就是黃金地段，我們還需要準確定位哪些商業區符合經營特色才行。

如何對商業區全面的認識和定位呢？首先必須確定商業區內消費群體的主要需求與公司的經營業務是否相關，因為這對未來的客戶群為何有著重要影響；然後鑒於產業與產業之間的相互作用力，比如旅遊業在一定程度上也能促進攝影業的發展，而附近攝影公司的多寡，則影響著新攝影公司的進入，因此應該調查該商業區內主要產業的類別。與之同等重要的是商業區的整體氛圍，是否與公司的經營特色相融合，這也將大大地影響公司未來的發展。

總之，在選擇商業區時，應把經營特色與各商業區的特點相比較，選擇符合自己經營特色的地點，才能為公司帶來有利影響，取得相應的經濟利益。

有亮點不如有賣點

眾所周知，當我們去某個地方旅遊時，往往最關注的便是地方特色；當我們想起某個著名的地方時，首先想到的也是該地方的標誌。往往真正吸引人或者令人留下深刻印象的，都是一些與眾不同的事物，因此，對於產品而言，亮點雖好，但好不過產品的賣點，賣點往往更能體現一種產品的獨到之處，對於消費者更具有吸引力。

市場上的產品越來越豐富，同類型的產品往往有很多的競爭者。過去的行銷手段強調產品的特點，然而如果兩個產品的特點差不多，那這個特點就不具有生命力了。同類產品的特點幾乎都是大同小異的，比如說飲料的特點都是解渴，此時僅僅強調特點並沒有多大的吸引力。所以突出產品的特點倒不如突出賣點，特點清楚，倒不如賣點清楚。

所謂「賣點」，是指產品具備了與眾不同的特色，而這個賣點可以是產品與生俱來的，也可以是通過行銷策劃人員的想像力創造出來的。賣點其實就是消費者購買產品的理由，最佳的賣點就是產品最強有力的消費理由。發掘並放大產品的賣點能夠有利於產品銷售，塑造小店獨具一格的特色。產品的賣點可以從以下幾個方面挖掘：

一、品質賣點

可以在產品的品質和等級上做文章。全聚德的烤鴨比小飯店的烤鴨都貴，可是仍然很多人去吃，就在於它把老秘方作為賣點，烤鴨出爐後會現場片成一百零八片，不多不少，高品質的服務也成了賣點。當然不見得非要做高品質的產品，低階的產品有時候也同樣是一種賣點。一家生產雨具的企業把產品推向國外，然而卻不受歡迎。這家企業覺得可能是自家雨衣的品質不夠好，於是決定採用高成本的原料製造時尚漂亮的雨衣，結果仍然無人問津。後來有人說，現在很少有人願意帶著雨衣出門了，不如生產品質低的方便雨衣，人們用完了就可以扔掉，果然大受歡迎。在這裡品質低廉，可以隨意丟棄，反而成為賣點。

二、價格賣點

根據目標客戶的消費水準將價格作為賣點也是不錯的選擇。有的人喜歡炫耀性消費，高價更能彰顯他們的財富、地位。鑲滿鑽石的手機跟普通手機的功能是一樣的，價格卻高出了好多倍，但客戶就是被這種高價吸引。而有人則是只要實用，越便宜越好，所以平價的衣服、鞋子不用強調品質，打出價格牌就可以了。

三、顏色賣點

顏色也能夠成功的營造賣點。幾乎所有的傳統手錶品牌都以品質做賣點，瑞士機芯、幾十年內絕對準時等等。然而有一家手錶品牌竟以手錶的顏色繽紛做賣點，深受重視裝飾性的年輕人的喜愛。

四、文化賣點

並不是外來的產品就好賣，很多國外的產品來到了亞洲反而沒有市場，主要就在於他們沒有考慮到亞洲的文化特點。比如服裝的尺碼、暴露程度等全部按照國外的樣式，當然沒辦法暢銷。而一些本土的服裝設計上貼合亞洲人的身形特點，結果廣受好評。

五、造型賣點

造型美觀、獨特的產品更能吸引顧客。如服裝的款式就很重要，如果只是質料上乘做工一流，而造型不好，是沒辦法打開銷路的。美國一位農民把西瓜放在盒子裡生長，生產出了一種長方形西瓜，味道和普通的圓形西瓜並沒有什麼差別，但是價錢卻是普通西瓜的二十倍，人們感到新奇競相購買。某個品牌飲料的包裝也有異曲同工之妙，該品牌在口感上並沒有什麼過人之處，價格又高，暢銷的原因在於包裝是細長的三角形，在貨架上看起來特別明顯，也引發了人們好奇購買的欲望。

六、標誌賣點

產品的標誌有時候也能成為賣點之一。比如說摩托羅拉手機的MOTO標誌，蘋果電腦的缺口蘋果標誌，簡潔時尚又充滿新意，都可以作為賣點營造。

小店想要在眾多店鋪中突出重圍，賣點正是關鍵。很多品質很好的產品銷量總是不如品質一般的產品，就在於只注重特點而沒有關注賣點。尤其是同一種功能的產品，你有的人家也有，商家要做的就是給顧客一個消費的理由。店主應該避免只看到自己的產品品質多好，有多少種專利、多少種功能，但對於市場上到底缺少什麼樣的產品沒有概念，對消費者到底喜歡什麼樣的產品也不瞭解，這樣是無法做出成績的。

功能可以有很多，但這只能成為產品的特點，只有賣點才能真正引起消費者購買欲望。請不要只是圍繞著自己的產品打轉，還要充分地抓住顧客的消費思想，發掘出不同於其他產品的賣點。這才是店主應該深入研究的。

產品的賣點可以有很多個，然而是不是賣點越多就越好呢？答案當然是否定的，過多的賣點會讓顧客對產品的定位不明確，進而失去了刺激購買欲的功能。在市場競爭異常激烈的今天，產品越來越同質化，賣點過多很容易就與其他的產品相重疊。每一家的賣點都差不多，銷售自然就增加了難度。顧客選擇一個產品，有的時候並不是因為你的產品最便宜，也不是因為你的產品最好，而是你的產品和別人不一樣。而商家要做的，就是將與眾不同的賣點提煉出來，加以放大。這種賣點只要有一個就能達到很好的宣傳效果。

例如：彈簧秤若能攜帶方便，就能贏得比較大的市場。於是A廠家開發了一種多功能彈簧秤，可顯示天氣溫度，還能夠計算價格，造型也美觀。但B廠家的彈簧秤僅僅是單一功能的秤重工具。結果投入市場後，B廠家的銷量遠遠高於A廠家。仔細研究後發現，顧客購買這種秤就是為了方便攜帶。A廠家的功能雖多，但是都用不上，而且價格還較高，B廠家的雖然只有一種功能，但是已經滿足了顧客的需要，所以銷量自然好。

從例子中可以看出，產品的賣點並不是越多越好，只要有一個突出的賣點，反而更能刺激顧客的購買欲望。獨特的賣點並不是從經驗中得來的，更不是從簡單的模仿借鑒中得來的，只有深入的發掘提煉，才能使產品的賣點與眾不同。比如說市面上的豆漿機種類齊全，賣點繁多，強調功能齊全、口感好、營養豐富，等等。但某品牌豆漿機強調清洗方便不用浸泡，馬上佔領了市場。再比如，涼茶在夏季是很受歡迎的飲料，很多涼茶都以純中藥、植物型、排毒等作為賣點，而一家涼茶僅僅以降火作為賣點，銷量卻遙遙領先。所以說，從眾多賣點中，只要提煉出一個核心賣點，就足夠了。

在提煉產品的賣點時，要注意以下幾點：

一、充分瞭解消費者心聲，即給出一個購買的理由

很多企業的產品，儘管在技術上實現了很多突破和創新，但一投放市場，同質化競爭仍無法避免。在產品同質化日趨明顯的今天，必須要有一個區別於其他同類產品的賣點，才能讓消費者動心。消費者認為你的產品是什麼，比產品實際上是什麼來的重要。商家要做的就是把產品的好處提煉出來，並通過最有效的途徑傳遞給消費者，給消費者留下與眾不同的印象，這就是產品核心賣點的提煉。

二、提煉產品核心賣點必須根據產品本身，並且做到確有其事

虛假的鼓吹產品根本沒有的功能，最後只會被認為是騙子。賣點永遠不能代替產品，賣點的提煉不能憑空捏造，必須建立在產品實務基礎上。通常一個產品的賣點不會只有一個，一般來說將哪一點提煉為核心的賣點，主要是由市場需求決定，而不是取決於產品自身實際功效的強度排序。

三、產品的核心賣點必須有充分的說服力

要有充足的理由支援產品核心概念，理由必須可信、易懂，不能用深奧的、晦澀難懂的、拗口的語言，以便於表達、記憶和傳播為原則。

四、核心賣點必須符合市場需求

市場需求或潛在需求最好是尚未被滿足的缺口，這會節省許多宣傳成本。因此在提煉核心賣點的時候需要深入研究、發現、引導和滿足潛在需求，不能想當然的覺得自己的想法就是市場需求了。

五、核心賣點要獨特

要儘量優於其他同類產品，跟別的產品一樣的賣點就不叫賣點了。最好能夠突出產品和企業的特色，讓消費者耳目一新。

六、核心賣點需要針對一定數量的消費者

過分狹小的目標市場即浪費了提煉核心賣點所耗費的精力，也會降低產品獲利的空間。選擇的消費群體最好是有購買能力的、相對集中的、容易鎖定的。

當核心賣點提煉出後，就需要有能夠傳遞給目標消費者的途徑，最好是捷徑。商家要會傳播自己的核心賣點，用最低的成本達到最大的宣傳效果。如果沒有有效的宣傳，再好的核心賣點也沒有人知道，自然也不會吸引到消費者。

同行未必是冤家，公司要考慮集群效應

很多公司在選址時，都在想方設法遠離同行，似乎這樣才能夠減輕壓力，為自己爭得更多生存空間。其實，在同產業之間的競爭能夠催人奮進，同類公司聚集更容易形成集群效應。

有句古語叫「同行是冤家」，就是說明處於同一產業的企業或人，由於競爭的存在而導致利益受損，使得各方為自身利益而劍拔弩張。同一種產業聚集的地方，意味著競爭更加激烈，因此有的人認為同行密集的地方不宜再開設同樣性質的企業。然而世界往往就是這麼奇妙，人人都說大家擠在一起生意難做，但偏偏就是

要聚在一起，你爭我奪。天天喊著競爭太激烈了，生意越來越難做，但還是有後來者居上。似乎爭來爭去，最終聚集程度還是越來越高。比如，先是幾家汽車配件店緊鄰著彼此，隨後就形成了整條街都賣汽車配件，後來又形成汽車配件城，再後來就形成了汽車配件產業基地，最終又演化成了區域性汽車配件產業集群。這是為什麼呢，難道他們不知道越集中，競爭會越激烈？

實際上，同行密集客自來，也就是說產業的密集反而能帶來更多的效益。因為當同類的生意密集時，更容易形成品牌效應，這就是集群效應。

所謂的集群效應，指的是許多同行聚集在同一區域，因而產生外部經濟性、聯合行動、制度效應等，為公司帶來更多客戶源，促進長遠的發展等優勢。

處在同一區域的同行，既然屬於同行，就必然存在著競爭，但這種競爭屬於好的競爭。而這種好的競爭可以為公司保持競爭優勢。其次，也可以提升整個產業的市場需求。很多情況下，市場會因對一個品牌的需求而增加對其他品牌的需求。比如說IBM打開了整個市場對電腦的需求，隨之也增加了市場對其他公司品牌的需求。再者，可以協助公司開發市場並增加市場佔有率，降低市場風險、改善產業形象、提升產業在整個經濟體中的影響力。

從消費者和客戶角度來講，一家公司還是需要透過客觀上的比較，來做出對自己有利的選擇，所謂「不怕不識貨，就怕貨比貨」。只有在某類店面比較集中的地方，才能更為方便地做到這一點。另外，人是非常奇怪的一種動物，如果你只給他一個選擇，也許這個選擇對他來說是最好的，他也會覺得很不舒服，心頭總會籠罩著一種疑惑感。同時，絕大多數人消費購物，還附帶著一種潛在的特殊心理需求，就是欣賞豐富的式樣，並從中找到一種快感。而你的公司無論產品或服務有多卓越，若遠離同行，就難以滿足消費者這些附加的需求。

陳小姐任職的貿易公司常常需要替同事和客戶送花。公司樓下就有一家大的花店，除了特別緊急的時候會光顧那家店，平時陳小姐都是去五公里外的一個大型花市去買。因為那裡的攤位多，鮮花品種齊全，很多商家都有自己的種植園，也保證了花的新鮮。同時由於是批發經營，價格也便宜得多。

可見根本完全不用害怕在同業附近開店。同行越多，人氣就越旺，生意也會越好。在商業集中地經營同一類商品，商品種更齊全、服務配套也更完善。

許多同行聚集也容易形成商業街，尤其是那些選擇性大、選購數量多、耐用的商品，顧客為了貨比三家即使路途遠，也喜歡去商業街選購。

某座世界大城裡有條很有名的飯館街，據說那裡越晚人越多，越晚越熱鬧生意越好。那裡有特色的飯店非常集中，晚上領著外地來的朋友去逛逛，吃吃飯，也算一件雅事。對企業來說也是一樣的道理，聚集在一起，知名度更容易提高，客戶源相對增多，生意也容易做大。若在遠離同行的地方開業，失去集體效應的「庇護」，正所謂孤掌難鳴，很容易被遺忘忽視，難以發展壯大。

與同行近距離競技，還有一個非常明顯的好處，就是可以相互觀摩和借鑒，促進自己全面進步。如果針對大型企業進行深入研究，就會發現，他們的操作模式當中，大部分細節都不是自己原創，而是向近距離同行借鑒和學習來獲得的。

但是同行密集必然使競爭更加激烈，也必須承擔更多的風險。在這裡提供幾種與同行競爭的手段，協助你在激烈的競爭中脫穎而出。

一、模仿對手

這個方法比較適合缺乏經驗的創業者，當不瞭解成功模式的時候，不妨就從模仿開始。跟隨競爭者的腳步，學習別人成功的模式，可以減少市場風險，也可以減少摸索的時間。一個新公司開業時總是存在著很大的經營風險，如果能模仿出同行成功的基本模式，就能有效的躲避風險。模仿手段很簡單，商品內容、空間大小、公司內部設計、商圈位置都可以效仿同行。但是機械化的模仿沒辦法長遠，當一個成功賺錢的生意出現的時候，市場上很快就會有一批新的競爭者湧入。如果只模仿到皮毛，很容易被這些後來者淘汰掉。在一個既定的市場中，成功的同行已經創建了一定的名聲和客戶群，模仿者很容易被貼上「第二」的標籤。如果不能確定自己的核心競爭力，不僅不會取代成功者的地位，還會使自己陷入尷尬的境地。所以模仿不能只停留在表面，要學習成功的經營模式，並創造自己獨特的方法，小型公司才不會被更多的模仿者淘汰。

二、適時躲避

這個方法比較適合經營了一段時間的小公司。因為小公司畢竟實力、資金都有限，當遇到同類的大型商店時，就要避免和較強的競爭對手相抗衡，躲開正面衝突，另闢蹊徑。可以尋找不同的市場，不與主要競爭對手抗衡，例如競爭對手是經營西式速食的肯德基、麥當勞，這時你完全不用去效仿對手的做法，而應該利用你所擅長的拉麵、炒飯等打造中式速食；在運作中可以躲避同一個客戶群，比如同樣是兒童英語補習班，同行的客戶都是薪水階層家庭的兒童，這時你可以專門針對高收入家庭的兒童，提供一對一的服務和高品質的教學；避免和同行提供一模一樣的商品，當周圍的美容院都以各種先進的美容儀器作為賣點時，你就可以提供傳統的中醫美容。

三、主動攻擊

這個方法比較適合經營穩定且具備一定實力的公司。商業競爭，有時候單憑守是守不住的，如果遇到合適的機會就要敢於出招，主動攻擊對方，強調對方的缺點突出自己的優點。如果同樣都是婚紗攝影，你可以強調別家的底片都需要付費，而你的攝影公司對於所有拍攝的底片都是百分百免費贈送。再如同樣都是美髮沙龍，你可以強調別家使用的藥水都是低價的，容易對頭髮造成損害，而你的沙龍所使用的藥水都是植物性的不易損壞髮質。

總之，同行聚集對消費者方便，對於經營者也更有利。但是想要在同行密集的競爭中立於不敗之地，就要提供更好的商品和服務，創造自己的特點吸引顧客。

市場上很難找到一種沒有競爭對手的產業，正如一所學校附近一定會有兩三家便利商店，一座辦公大樓周圍會有四五家小吃店，一個火車站周圍會有八九家旅館。對於顧客來說，眾多店面集中在一個地方，可以比較品質、價格，有更多的選擇，也更加的放心方便一樣。公司選址在同行中間，也會產生類似的集群效應。

可見，同行未必是冤家，公司有必要考慮集群效應。

I WANT TO BE MY OWN BOSS

04 CHAPTER

資金與風險僅一線之隔

做一個周全的融資計畫

公司在初創階段，往往需要一筆不小的創辦經費和資本。這筆資本越充分越好，以便於創業者遊刃有餘的運用，也可以避免在創辦早期因各種不可預測的緣故造成周轉不靈，落得中途而廢。因此，這就需要創業者制訂一個周全的資金籌集計畫，為日後的發展作準備。

許多人在創業初期往往求「資」若渴，為了籌集創業啟動資金，根本不考慮融資成本和自己實際的資金需求情況。鑒於此，廣大創業者在融資時一定要做好周全的融資計畫。融資計畫的製作是一個複雜的過程，千萬不要在融資前隨便草草地擬訂一個。

小趙大學畢業之後，針對當地學生愛吃麵的習慣，想創辦一家麵館。經調查發現，用新鮮的菠菜、南瓜、番茄、白菜、胡蘿蔔等蔬菜汁，和著麵粉做成五顏六色的「蔬菜麵」深受食客喜愛，於是決定加盟一家蔬菜麵店。

畢竟才剛畢業，資金成為小趙面臨的首要瓶頸。但被創業的興奮刺激著的小趙，只是大概估算一下未來小店的發展，就開始一頭熱地鑽了進去。先聯繫加盟店，然後想店名、選址，……等忙完一陣子之後，小趙發現加盟費、設備、店面等等，都需要資金，而自己的資金卻寥寥無幾。小趙失落了，他不知道自己該怎麼做？

其實，資金是制約創業的重要一環。任何創業者在創業之前，都應該有一個周全的融資計畫。

一個周全的資金融資計畫，應該包含以下幾個方面：

一、計算回收期

投資回收期就是使累計的經濟效益等於最初的投資費用所需的時間，可分為靜態投資期和動態投資期。投資回收期的計算方法是將初始投資成本除以一年期的現金流量。

二、計算現值和終值

現值就是開始的資金，終值就是最終的資金。

三、計算融資成本

企業因獲取和使用資金而付出的代價或費用，就是企業的計算融資成本，它包括融資費用和資金使用費用兩部分。

四、融資管道

融資管道主要有：國家財政資金、專業銀行信貸資金、非銀行金融機構資金、其他企業單位資金、企業留存收益、民間資金、境外資金。

五、融資方式

融資方式主要有：吸收直接投資、發行股票、利用留存收益、向銀行借款、利用商業信用、發行公司債券和融資租賃。

六、融資數量

（1）融資數量預測依據：法律依據、規模依據、其他因素。

（2）融資數量預測方法：因素分析法、銷售百分比法、線性回歸分析法。

七、融資可行性分析

（1）融資合理性：合理確定資金需要量，努力提高融資效果。

（2）融資及時性：適時取得所融資金，保證資金投放需要。

（3）融資節約性：認真選擇融資來源，力求降低融資成本。

（4）融資比例性：合理安排資本結構，保持適當償債能力。

（5）融資合法性：遵守國家有關法規，維護各方合法權益。

（6）融資效益性：周密研究投資方向，大力提高融資效果。

（7）融資風險性：企業的融資風險是指企業財務風險，即由於借入資金進行負債經營所產生的風險。其影響因素有：經營風險的存在、借入資金利息率水準、負債與資本比率。

總之，創業要精打細算，這是再明瞭不過的事。而制訂詳盡的融資計畫，對於創業者而言，不僅可以節省許多不必要的開支，還可以減少創業之初遇到的各種麻煩。若創業者制訂融資計畫時將以上各方面的內容考慮在內，會是一個很好的開端。

就目前而言，融資資金的來源及其途徑多種多樣，融資方式也機動靈活，從而為保障融資的低成本、低風險提供了良好的條件。但是，由於市場競爭的激烈和融資環境以及融資條件的差異性，又為融資帶來了諸多困難。因此，創業者在制訂融資計畫時必須堅持以下四項方針：

一、準確預測需用資金數量及其形態方針

公司資金有短期資金與長期資金、流動資金與固定資金、自有資金與借入資金，以及其他更多的形態。不同形態的資金往往滿足不同的創建和經營需要，融資需要和財務目標，則決定著融資金額。相關人員應周密地分析創業初期的各個環節，採取科學、合理的方法準確預測資金需要量，確定相應的資金形態。這是融資的首要方針。

二、追求最佳成本收益比方針

創業者不論從何種管道以何種方式籌集資金，都要付出一定的代價，也就是

要支付與其相關的各種籌集費用，如支付股息、利息等使用費用。即使動用自有資金，也是以損失存入銀行的利息為代價的。資金成本是指為籌集和使用資金所支付的各種費用之和，也是公司創建初期的最低收益率。只有收益率大於資金成本，融資活動才能具體實施。資金成本與收益的比較，應以綜合平均資金成本為依據。簡言之，創業者籌集資金必須要準確地計算、分析資金成本。這是提高融資效率的基礎。

三、風險最小化方針

融資過程中的風險是企業不可避免的財務問題。實際上，創業過程中的任何一項財務活動，都客觀地面臨著一個風險與收益的權衡問題。資金可以從多種管道利用多種方式來籌集，不同來源的資金，其使用時間的長短、附加條款的限制和資金成本的大小都不相同。這就要求創業者在籌集資金時，不僅需要在額度上滿足經營的需要，還要考慮到各種融資方式所帶來的財務風險和資金成本，從中做出權衡，選擇最佳的融資方式。

四、爭取最有利條件方針

籌集資金要做到時間及時、地域合理、管道多樣、方式機動。這是由於同等數額的資金，在不同時期和環境狀況下，其時間價值和風險價值大不相同。

創業者制訂融資計畫，必須研究融資管道及其地域，必須戰術靈活、及時調劑，必須相互補充，把融資與開拓市場相結合，實現最佳經濟效益。在創業企業制訂融資計畫的過程中，為了保證融資的成功率更高，小本企業創業者應當注意以下方面：

一、只有創意還不行，還要有競爭優勢

單有好的創意還不夠，你還需要有獨特的「競爭優勢」，這個優勢保證即使整個世界都知道你的創意，你也一定會贏。如果你能引起投資商的興趣，就能告訴他你需要多少資金，希望達到什麼目標。

二、不要空泛地描述市場規模

對市場規模的描述太過空泛，是小本創業者常犯的錯誤，毫無依據地說自己將佔有大半的市場佔有率，並不能讓人家相信你的企業可以達成多大的規模。

三、先吸引投資商的注意力

也許你會在公共場合偶然遇到一位投資家，也許投資商根本不想看長長的商業計畫書，你只有幾十秒鐘的時間吸引投資商的注意力。當他的興趣被你引出來，問起你的經營隊伍、技術、市場佔有率、競爭對手、金融情況等問題時，你必須已經準備好了簡潔的答案。

四、與投資者講價錢

投資者對創業企業的報價往往類似於競價拍賣，如果投資者真的很看好這家企業，他會提高對企業的作價，到雙方達成一致意見為止。另一方面，創業企業在融資時的報價行為類似於降價拍賣，剛開始時自視甚高，期望不切實際的高價，隨著時間的推移，企業資金越來越吃緊，投資意向一直確定不下來，銳氣逐漸磨鈍，最後便接受了現實的價格。

五、強調競爭對手

有些小本創業者為了強調企業的獨佔優勢，故意不提著名的競爭對手，或者強調競爭對手很少甚至很弱。事實上，有成功的競爭對手存在，正說明著產品的市場潛力，而且對於創業者及投資公司來說，有強勢同行也正好是將來被收購套現的潛在機會。

六、合理預測

預測的常見錯誤是先估算整個市場容量，然後毫無依據地認定自己的企業將獲得多少佔有率，據此算出期望的銷售額。另一錯誤的方法是先預計每年銷售額的增長幅度，據此算出今後若干年的銷售額。過於樂觀的估計會令人感到可笑。例如：有人發明了一種新鞋墊，假設每人每年買兩雙，那麼市場容量就有幾十億雙，我們只要獲得這個市場的一半就不得了了。

比較實在可信的方法是計畫投入多少資源，調查市場有多少潛在客戶、有哪些競爭產品，然後根據潛在客戶成為真正使用者的可能性，和單位資源投入量所能夠產生的銷售額，最後算出企業的銷售預測。

七、關於先入優勢

需要注意的是，先入者並不能保證長久的優勢。如果你強調先入優勢，你必須清楚為什麼先入是一種優勢，是不是先入者能夠有效地阻礙新進者，或者用戶並不輕易更換供應商。

八、注重市場而不是技術水準

許多新興企業，尤其是高科技企業的企業家都是工程師或科學家出身。由於其專業背景和工作經歷，他們對技術十分感興趣。但投資人關注的是你的營利能力，你的產品必須是市場所需要的。

技術的先進性當然很重要，但只有你能向投資商說明你的技術有極大的市場或極大的潛力時，他才會投資。很多很有創意的產品沒能獲得推廣，是因為發明人沒有充分調查客戶真正的需要，沒有選準目標市場或者做好市場推廣。記住，投資家是商人，他們向你投資不是因為你的產品很先進，而是因為你的企業能賺錢。

不要為了上市而上市

上市是企業發展到一定程度之後瓜熟蒂落的里程碑，是企業的成人禮。上市當然是另一個階段的開始，但企業經營的核心應該是可持續發展，不應該以上市作為目標，更不能為了上市而上市。

很多公司都在追求上市，為什麼呢？看看以下的案例，我們就明白了。

二〇〇六年九月七日，新東方教育科技集團在紐約證交所敲響了股市鐘。一路高唱著「從絕望中尋找希望，人生終將輝煌」的俞敏洪老師，帶領新東方成功上市。當天，股票報收二十點八八美元，與其十五美元發行價相比，收盤價上漲五點八八美元，漲幅百分之三十九點二。據測算，上市後，四十四歲的俞敏洪至少擁有高達一點二一億美元的財產，身價陡增，成為「中國最富有的英語老師」。

據瞭解，新東方上市後，作為新東方的創始人，俞敏洪擁有公司百分之三十一點一八的股權，另一位創始人徐小平老師持股百分之十，高層主管包凡一持股百分之四，錢永強持股百分之二點五，機構投資者老虎環球資金持股百分之十四點九一。

新東方的上市創造了中國教育業在美國上市的新紀錄。它從一九九三年註冊成立的一個小學校，到如今成長為融資過億的上市公司，這條「尋找希望」之路走得並不容易。

現在的俞敏洪被冠以「留學教父」和「創業英雄」的名號，也是公認在中國英文教育產業中，獨闢蹊徑的領袖人物之一。在個人財富急劇增加的同時，他還改變了中國學生的英語教育方式。俞敏洪也因此被《亞洲週刊》評選為「二十一世紀影響中國社會十大人物」。

農村的小夥子——北大學生——北大教師——新東方校長——上市公司董事長，這就是俞敏洪的成長路徑。他從一個普通的教師成為中國最成功的企業家之一，他創立的新東方教育，使無數人的留學之路夢想成真，為中國培養了眾多的國際化人才。

在二〇〇七年，俞敏洪的新東方股價連翻五倍。中國教育股備受熱捧，美國紐約證券交易所見證了來自東方的新傳奇。

依靠上市可以把企業做得更大，讓企業更好、更快、更健康的發展。上市公司具有明顯的吸引力和集聚效應，企業通過上市行為能吸引優秀人才、先進技術和先進經驗，可以有效緩解制約企業「二次創業」的瓶頸。

首先，企業上市可減少對銀行貸款的過度依賴。上市後，企業從資本市場拿到的是資本，資產負債率大大降低。對銀行貸款的依賴降低，在銀行的信用評級也會提高。在政策出現緊急煞車時，也不會太過於擔心出現資金鏈短缺。

其次，上市還可以引進科學化的公司治理策略。私人企業上市可增大公司治理的彈性，家族企業上市可從封閉的家庭體制邁向開放式。此外，上市公司有獨立董事，都是各個產業的專家，換句話說就是以低價請了個專家在身邊。

其三，企業上市還有免費的諮詢和廣告效應。上市後，各大媒體每天都要提無數遍，證券公司頂級分析師每次提及，就是一次免費的產業前景研究和預測。

但上市也並非全是好處。如果企業自身不夠強大，勉強上市，就像一個體弱多病的嬰兒，一直不能見人！要知道，公司上市後，負有向公眾（包括競爭對手）進行充分資訊披露的義務。提高透明度的同時，也會將自己的資訊暴露給對手，對手很容易就能掌握你的經營家底。

二〇一〇年，在美國上市的中國電子商務概念股麥考林近日三度遭到集體訴訟。麥考林在美遭遇集體訴訟的原因是，諸多美國投資者認為麥考林及其特定的管理者和董事，違反了美國《一九九三年證券法》，在IPO中披露的資訊有誤、與上市申請相悖。當時麥考林的毛利率受到了成本和費用上漲的負面影響，使得其業績不可能達到IPO時的預期。而當麥考林在二〇一〇年十一月二十九日披露這一業績時，其股價大幅下跌，為投資者帶來了損失。

上市是企業的成人禮，但是沒有達到這個階段的企業，就應該仔細斟酌，而不是盲目上市。馬雲在談到阿里巴巴上市時，表達了這樣的觀點：

對那些渴望上市的人而言。二〇〇〇年三月十日絕對是個值得紀念的日子。這一天，納斯達克指數創造了五千零四十八點的歷史紀錄。一年後，盛極而衰的納斯達克在二〇〇一年三月十二日的收盤指數是一千九百二十三點。或者說，如今的納斯達克已經從峰頂跌落了百分之六十，有三兆美元的財富從這個全世界最成功的高科技股市中蒸發，很多公司就是這麼死掉的。

上市就像我們的加油站，不要到了加油站，就停下來不走，還得繼續走。股票是個加油站，但你的目的不是去加油站，而是做事情，你覺得需要加油了就去加個油，加好油再跑。

馬雲能夠清醒地認識到上市不過是實現目標的手段而不是終極目的，取得如今的成就理所當然。

二〇〇一年、二〇〇二年，在網際網路最痛苦的時候，馬雲在公司裡講得最多的詞就是活著。如果網際網路公司都死了，他只要還活著，就還有機會。而等到網際網路春暖花開，各公司紛紛排隊赴海外上市，馬雲拿著八千兩百萬美元的風險投資卻說：「沒必要過早上市，把自己暴露在對手的眼皮底下。」

二〇〇三年年初，馬雲準備進軍個人網路電子商務領域，淘寶網專案從一開始就處於高度保密的狀態。內部所有願意參與該專案的員工，都要先簽一份保密協議，承諾在六個月內不能向其他任何人透露專案內容。這些人包括朋友、家人、同事甚至上級。

二〇〇三年五月十日，淘寶網正式營運。直到二〇〇三年七月七日，馬雲才在杭州正式宣佈投資一億，要把淘寶網打造成中國最大的個人網路交易平臺。專案的保密工作做得如此之好，以至於絕大多數員工直到宣佈後才知道淘寶幕後的故事，而那時淘寶網已經誕生快兩個月了。

二〇〇三年，馬雲針對上市問題再次發表看法：「每個人都在問我上市的事情。我最後重申一次，我現在不想上市。我們太年輕了，公司創立才四年，員工的平均年齡才二十七歲，內功還不夠好。但我不是說我絕對不會上市。我的邏輯是，如果今年上市只能支撐十元的股價，而三年後可以達到三十元，那為什麼不等到三年後呢？上市後不可避免地要應付每個季度的報表，它可能會讓我們放棄更長遠的策略。對眼下的阿里巴巴而言，做大做強比上市更迫切，與其迫於競爭壓力和輿論壓力被動上市，不如不上市。」

自己站穩了才能出拳。上市與否是捨與得的選擇，也是對企業的考驗。所以，不要盲目把上市視為自己的經營目標，尤其是不要替自己規定上市時間表。這會對企業的經營造成很大的影響。

辦企業，最主要的是可持續發展，每一個真正的創業者都應該把「將企業辦成百年老店」視為自己的目標，而不是走進盲目上市的盲點。

牢牢掌握控股權才能掌握主動權

控股權意味著對企業資源的支配權，掌握控股權就是主導企業的產品、管理、市場甚至是企業未來的必要條件，甚至關係著企業的存亡。無論是民營企業的艱辛成長還是合資企業的利益紛爭，都說明了一個道理：控股權顯得更為重要和迫切，誰掌握了控股權，誰就掌握了資源與市場，掌握了企業發展的未來。

股權，對於股份制公司來說，是一個敏感話題，在企業發展的過程中，股權在各個階段都有不同的作用。對於經營者來說，只有掌握住控股權，才能夠掌握企業的決策控制權。

在企業的初創階段，股權應當集中在一人手中，實行一人決策；企業成長到中等規模的時候，就要靠一個小的集體來決策；等到企業再大了，就要按照上市公司的規則；而最終企業真正上市了，就必須按照社會化的規則，讓成千上萬的人持有它的股份。對於民營企業而言，初創階段的控股權尤為重要，開創初期不能實行股權分散，追其原因，與股份制公司的特點息息相關，即能共患難而不可共富貴。具體說來，在創業的初期，資金短缺，只有大家眾志成城才能將企業做大。然而，企業成長起來並累積了一定的利潤之後，分享成果與利益的時刻也就到了，這個時候權利大的人自然得到的利益就多，鬥爭便開始了，往往就有兩種情況產生。一是部分創始人決定另謀高就或是另起爐灶；二是公司到此為止，分崩離析。不少企業的垮台並非因為長期不賺錢，而正是因為賺錢導致的「內鬥」，造成了公司結構的不穩定而垮掉。因此，股權集中的重要性不可動搖。

巨人集團董事長史玉柱在談到自己的創業經歷時認為，對於公司的股權，只有牢牢掌控，才能抓住企業的根本，不至於陷入被動的境地。

一九八九年八月底至九月初經朋友介紹，史玉柱招聘了三名員工，然而到十月份時，

其中一名員工提出了每人均分持有股份，共同佔有企業利潤的要求。而史玉柱不同意，主張繼續打廣告，並告知員工，股份的事情可以商量，但每個人各占百分之二十五是不可能的。

由於軟體是史玉柱自己開發的，啟動資金也是出自於他自己，因此他認為自己至少應該得到控股權，而幾位員工則可以得到每人百分之十到二十五。但是，兩位員工認為持有股權太少，因此意見一直不能統一，最後引發了很大爭執。這次經歷對史玉柱的影響很大，他開始改變分享利益的策略，對於公司高層，史玉柱不再許諾股權，取而代之的是高薪加獎金的模式。

在這種模式下，高層得到的薪水與獎金甚至比過去在股份分紅制度之下得到的更多，而史玉柱的公司此後再也沒有發生過內鬥的問題。

這也正是萬通董事長馮侖所說的：「企業第一階段都是排座次問題，第二階段是分經營問題，第三階段是論榮辱問題。」所以一開始產權相對集中，有利於企業的穩定發展。事實上，不僅在企業發展的初期要把握好股權，「控股權不容侵犯」的原則，更體現於公司吸納資金的擴張過程。

把握住企業的控股權不僅僅是企業發展初期所面臨的問題，隨著企業的發展，吸納資金、技術等，都是企業擴大的有效途徑，而在這一過程中，控股權更同時要牢牢把握住。

企業要實現飛速發展，僅僅依靠自身的實力是不夠的，必須融合更多社會資源。與國外企業合作不僅能獲取資金，更為重要的是引進其先進的管理、技術等無形資產。但是，在合資公司中，一個最棘手的問題就是控股權，只有真正駕馭企業，才能使外資為己所用，而不是把企業拱手讓給外資，成為外資的賺錢工具。

企業能夠牢牢把握控股權，需要的是企業背後的硬實力支撐。自有品牌的保護，最終都要用實力說話，如果企業本身的實力不夠，往往在合作中想掌握控股權就不那麼順利。事實上，很多企業在產業中經常不能達到應有的地位，但也絕不能因此就委曲求全，以犧牲控股權為合作代價。

首先，在企業與外資合資之初，不能因為急於想把國外的專案和資金引進來，就以放棄控股權作為交換條件，更不能因為沒能掌握談判的技巧和交易的籌碼，或是迫於談判中的被動地位，就在談合資時，不敢理直氣壯地爭取控股權。一旦企業發展壯大起來，才發現對企業控制力太過微弱，往往為時已晚，此時再要爭取控股權，會更加困難。一般來說，隨著企業的規模逐漸擴大，不斷發展，競爭不斷地深化，控股權也會愈發顯得重要和迫切，因此，與外資合作之初，切勿妥協。

另一方面，跨國合資的企業更要把握好股權的「百分比」。有一家台資與韓國、荷蘭共同組建的合資企業，在當初創立時出資比例為百分之四十九，而控股權卻掌握在由韓國企業和荷蘭企業各出資一半所組成的合資企業手中，因為這兩家的出資額之和恰為百分之五十一，因此儘管台資是其中出資額是最高的，卻以百分之二的比例之差將控股權拱手讓人。

另外也有企業在控股權上與外資形成了各占半壁江山的局面，最終結果是二足鼎立的格局為企業帶來明爭暗鬥的較量。

就長遠的角度而言，如果某一產業的控股權全部控制在外資手中，可能這個產業就會完全控制在外資手裡，而這恰是不少企業家所擔心的。

怎樣做才能在與外資「打交道」的過程中，牢牢將控股權握在手中呢？掌握控股權的關鍵就在實際的控制權，一位企業家說：「當我們與對手實力懸殊時，我們在控股權問題上往往是被動的。但當我們在發展中擁有了自己的核心技術時，也就有了爭取控股權的時機。只要能夠爭取控股權，就要儘量爭取。」

具體而言，企業在合資談判中不能一味妥協，因為外商必定是看中你的某項優勢資源才決定合資的，企業應該利用這些資源優勢為自己爭得一席之地。比如，利用這些談判優勢，在企業的經營管理權上，或是人事安排上，特別是關鍵職位的安排上，提出掌握一定實權的條件。而企業掌握實際控制權的同時，還要做好兩方面的工作。一是將自身的優勢資源保持下去，提高談判地位，防止對方不斷擴大自己的控制權。二是應努力掌握合資方的核心技術，在此基礎上不斷研究發展，將外方的優勢資源轉化為自己的資源，使己方在企業發展中居於主導地位，等到機會合適時，將企業的控股權重新掌握在自己手中。

導入期的風險只能自己承擔，風險投資不可能雪中送炭

處於導入期的企業，面臨著研究風險、技術風險、生產風險、市場風險、管理風險和環境風險，等等，而風險投資卻是「不見兔子不撒鷹」，追求爆炸式的回報而遠離風險的。因此，這個階段的創業者，不能寄希望於風險投資的雪中送炭，更不能期待憑藉商業企劃書、產業優勢、或者創新商業模式而獲得風險投資的垂青。

導入期指的是技術創新和產品試銷階段。在這一時期，企業的主要任務是完成企業規劃與市場分析。藉由產品的試銷測試，進一步確定產品的市場定位、瞭解

整個市場的狀況。在此階段，企業除了面臨著各個階段普遍存在的環境風險之外，這一階段的任務決定了企業還存在著研究風險、技術風險、生產風險、市場風險、管理風險等不確定因素。在導入期，企業的資金需要量往往會急劇增加，甚至能達到種子階段的十倍之多，企業自身很難承擔，因此急需尋找其他資金來源。於是很多企業便會求助於風險投資，而此時需要警惕的是：對於企業而言，導入期的風險只能自己承擔，絕對不能寄希望於風險投資的雪中送炭，更不能以為可以將這個階段的風險轉移到風險投資身上。

為什麼風險投資不會對導入期的企業伸出援手呢？因為風險投資的根本目的就是追求財富，追逐暴利是風險投資的本性。他們真正感興趣的，是財富爆炸式增長所帶來的收益，它對一個企業的發展，更多的是「錦上添花」，而絕非「雪中送炭」。越是專業的風險投資，越傾向於在企業接近成功的時候，或者是即將上市的時候介入。而對於尚處於導入期的企業，儘管在這一階段已完成了產品原型和企業經營計畫，但產品多半仍未批量上市，管理機制尚不健全。此時，風險投資公司主要考察企業經營計畫的可行性，以及產品功能與市場競爭力。如果風險投資公司覺得投資對象具有相當的存活率，同時在經營管理與市場開發上也可提高有效幫助，才會進行投資。而事實上，面對還未渡過導入期，不得不向外求助的創業者，風險投資很多時候並不會施以援手。除了不確定自己獲得爆炸式回報的可能性，更在意的是自身會不會深深捲入各項風險，輸的血本難歸。

而在現實中，再有實力的企業，在創業初期也不一定能獲得風險投資。比如蒙牛乳業，當其獲得摩根史坦利注資的時候，已經是即將上市且資金缺乏之時。與之相似的還有阿里巴巴，阿里巴巴在發展初期，並沒有尋求任何風險投資的幫助，而當阿里巴巴的模式進一步發展至成熟之後，一些風險投資便自動找上門來，要求投資。

風險投資也有投資失敗的時候。既然風險無處不在又無法完全消滅，風險投資所能做的就是將風險降到最低。因此，在絕大多數情況下，尚未完成導入期的企業，風險投資是不想承擔風險的。由此可見，風險投資這樣行事，也是現實所驅，實屬情理之中，企業求其雪中送炭，不得不說是一種奢望。

需要注意的是，我們可能會發現，也有一些風險投資者在創業開始時期就直接介入。但這只是極少數情況，並且這類投資者多半與創業者本人有一定的關係，或者是思維理念和偏好非常接近，因此一拍即合。在大多數情況下，越是專業的風險投資，越是緊跟利益。在創業伊始就介入的風險投資，往往只是憑藉著資金充足這一條件，缺少真正的商業經驗，甚至他們是以不正當途徑獲取金錢的暴富者。絕大多數情況下，企業能遇到這樣的投資者的機率太低，因此初創企業絕對不能對風險投資抱有什麼幻想。

具體而言，在企業發展的初期，要尤其注意不能犯以下幾種錯誤：

一、不要幻想以一紙商業計畫書就能得到風險投資的垂青

不少朋友們經常抱怨，自己的商業計畫書總是石沉大海，難以得到風險投資的青睞，感到自己懷才不遇。而實際上，這裡的商業計畫書往往是「被美化」的，只是創業者根據自己的激情、經驗與感覺和所謂的嚴密市場調查之後得到的，這些在創業者心中如同至寶的商業計畫書，事實上很難贏得了專業風險投資者的青睞。並且，通常風險投資對企業的全方面考察需要經過一段很長的週期，絕對不會根據商業企劃書就立即做出判斷。

退一步而言，即使商業企劃書真的十分完美，結構嚴密、貼近實際、細節合理、專案本身又具有很大的張力，幾乎達到無可挑剔的狀態，具有很高的可行性，風險投資也依然不會憑藉著一紙文書就重金相助。因為商業企劃書在一定程度上畢竟只是紙上談兵，計畫總歸要和市場磨合，需要團隊去執行的。商業計劃書上既看不到任何實況，團隊能力也沒有得到驗證，方案即使再好，也難以付諸實踐。更何況，完美的商業企劃書並不是創業者隨便就能寫出來的，初創業者的商業企劃書往往漏洞百出，更不能奢望將導入期的風險轉移到風險投資上去。

二、不要認為企業處於「流行」產業，風險投資就會有所偏袒

產業的興衰更迭是社會經濟的客觀規律，投資者毫無疑問是尋求藍海迴避紅海的，因此在一段時間中，風險投資可能會聚焦於某些「流行」產業之中，現在可能是IT、網際網路等領域，過一段時間又轉向連鎖經營、廣告媒介、新能源、環保工程等領域。這時，創業者會錯誤地認為只要企業的工作範圍屬於這些領域，就更容易得到風險投資。實際上，風險投資的介入並不是因為專案在某個領域，關鍵在於專案本身是否處於產業整體快速發展期，成功只差一點點火候，並且有可能獲

得迅猛發展。換句話說，投資者關注的是專案而不是產業，如果其他的產業也存在這樣的合適專案，風險投資也是會介入的。

也就是說，風險投資更看重的是創業團隊和公司的內在價值，企業本身的組織方式、銷售方法、貨品管理、管道管理、客戶管理等才是風險投資真正考察的重點。企業不能把專案領域當成是獲得風險投資的籌碼。

再如，二〇〇五年前後，網際網路又進入了新一輪的投入高峰期，很多創業者們期待躋身這個熱門領域，風險投資更是這些創業者心目中的神。一位創業者這個時候也開始經營起資訊網站，創業之路十分艱難，一直堅持了五年的時間。五年當中，他接觸過不少風險投資，也寫了無數商業計畫書，但所有金主都認為這個初創企業還沒有發展到具備投資價值的階段，最終只好轉行。

不管所處領域是否處於投資的高峰期，企業是否具備投資的價值才是真正關鍵。所以，創業者要心中有數，不能因為某個領域熱門，就想當然地認為風險投資會助一臂之力，如果預計不能承擔導入期的風險，就不要進入這個領域。

三、企業不能以為創新就能夠得到風險投資的認可

很多創業者為了創新而創新，追求一些比較複雜的商業模式。比如，不少創業者致力於一些概念比較新奇的創業項目，但很多時候，卻是把本來應當非常簡單易行的模式弄得非常複雜，等到進行了一段時間之後，才明白這種商業模式不可能真正營利。這樣的投資者往往以為新奇的商業模式就能獲得風險投資，以期自己全身而退，甚至希望能夠賺上一大筆。實際上，這種可能性是非常低的。

儘管風險投資們也在不斷尋找好的專案來實現資本的增值，甚至這些風險投資可能已經對某些專案感興趣，並且已經進行了深度的接觸，但是這並非意味著這些投資者就會大幅投入資金，風險投資總是非常謹慎的，除非這些專案的商業模式已經成熟，並且能夠為其帶來真正客觀的營利，否則即使是名義上達成了合作，也並非如創業者所期望的那樣。一般而言，投資者從接觸到考察到意向再到正式合作，週期都很長，其中每一個環節都可能出現變數。所以，新奇的商業模式也不足以成為企業將風險轉移給風險投資的理由。

總之，如果一個創業者在創業之前，萬萬不可奢望導入期可以透過風險投資解決資金問題，如果這樣，創業基本上就註定是要失敗的。畢竟當真正發生問題，資金缺口較大，但導入期又尚未結束時，絕大多數的風險投資是不會介入企業的，此時不但創業項目難以堅持下去，前期所有的投資也都白忙了。

任何時候，都不要讓投資人替你決策

資本對於企業來說既是「天使」，又是「惡魔」，面對笑臉相迎帶來真金白銀的投資人，創業者切勿心急，不能以出讓決策權作為代價。任何時候，創業團隊都要把握決策權，只有這樣，才能從長遠的角度把握住企業的命脈，否則，企業在未來的發展中很可能迎來的是投資商與管理團隊的接連矛盾，造成管理混亂的局面。

創業者需要特別注意的一點就是不要讓投資人替自己決策，應始終把握住公司的命脈。創始人應當為自己所創建的公司負責，同時，也只有創建人自身能夠為自己所創建的公司負責。因此，創業者應當自己為公司做主，不能讓任何人替自己決策。至於為什麼要這樣做，道理很明白。首先，創業者始終要對公司負責任，無論這個公司是好是壞，是順還是不順，是繼續堅持還是轉型，創業者都得扛著這個擔子，並且這個擔子是別人扛不起也無須扛的。其次，創業者自己才是最瞭解公司的人，只有自己決策，才能讓公司按照計畫的方向發展。最後，除了創業者自己，恐怕其他人很難將公司安危百分之百視為是自己的事。這三點說明了創業者必須自己去做決策，自己做主，而公司的命脈也一樣要自己把握，絕對不能讓投資商替自己決策。

既然要始終牢牢把握住自己的決策權，就說明在企業發展過程中，決策權很容易出讓給別人，這裡的別人指的就是投資人。創業者和風險投資家之間的關係是一個矛盾綜合體，如同一對歡喜冤家，好的時候如膠似漆，不分彼此，壞的時候相互指責，互不買帳。對於創業者而言，和投資商之間的關係非常重要。

京東商城CEO劉強東曾在微博當中談道：「投資人和創業者永遠是平等的夥

伴關係，你小的時候不代表弱勢；你長大的時候也不代表就可以凌駕於投資人之上！」而創業者和投資人之間最重要的關係，就是決策經營權。一位企業家曾經對創業者提出一項中肯的建議：創業者與投資人，在「錢上不要太計較，但是在經營公司的權力上一定要計較」。創業者可以不是最大的股東，但一定要是有最大發言權的人。

實際上，在不少企業的發展過程中，因為資本的介入，導致了企業的控制決策權從創業者轉移到投資商手中，進而為企業的管理造成很大阻礙。中國大陸的招聘網站——智聯招聘，就是其中一個典型的案例。

企業在發展的過程中進行過多輪的融資，隨著資本的不斷流入，投資商分得的權利也越來越大。融資之後，智聯招聘的創始人團隊逐漸淡出企業的管理團隊，最後只剩下不到百分之十五的股權，成為沒有企業營運權的職業經理人。智聯招聘開始在外資控股的情況下，出現了管理上的混亂。

而智聯招聘的情況也並非少數現象。根據美國的一項調查顯示，企業成立後的前二十個月中，由創業者之外的人擔任公司總裁的比例為百分之十；到了第四十個月，這個比例上升為百分之四十；到了第八十個月，百分之八十的企業CEO已不是當初的創業者。

智聯招聘事件在許多創業型公司中引起廣泛共鳴，為不少創業企業家敲響了警鐘。創業團隊面對投資人抱著真金白銀笑臉相迎時，往往過於心急，這是不可取的，很有可能飲鴆止渴，即表面上的問題解決了，公司未來的發展卻被埋下了隱患。創業者要明白，不是誰的錢都能要，也無須什麼人都去談，因融資喪失企業決策的控制權，是得不償失的，接受這樣條件的資金，將會成為管理團隊最痛苦的選擇。

決策管理權的喪失正是源於「主導方總是出錢多的那位」。正如一位不願透露姓名的創業型公司高層抱怨的那樣：「分歧每天都在發生，而投資方總是『老闆』。」雖然從理論上來說，無論是出於企業投資方的利益，還是企業管理階層的利益，雙方都會有一個共同的目標，即努力實現企業營利的最大化，投資人與企業應當是「情投意合」的。而事實上來講，對於企業而言，出資人往往會表現得「財大氣粗」，認為自己「說話有分量」。這樣就會讓企業走入類似智聯這樣的管理困境，即在雙方產生矛盾的時候，雖然名義上會進行協商與表決，但主導方毫無疑問是「出錢多的那個」，而不可避免地演變為實際上由投資人替企業進行決策。

依舊以智聯招聘為例，從融資的角度觀察這個企業。公開資料顯示，在二○○八年七月，智聯招聘分別獲得了來自紐澳最大人力銀行網站Seek以及澳大利亞投資銀行麥格理的投資。隨著資本的介入，智聯招聘的股份進一步被稀釋，在僅半年後，Seek在智聯招聘的股份已接近百分之五十六點二。據智聯招聘前CEO劉浩公佈的股權比例，此時Seek、麥格理集團和其他股東的股份比例為「四比三比三」，相比之下，智聯招聘管理團隊所占股權只剩下了不到百分之十五。

由此可見，一旦管理團隊出讓決策權，從所有人就「淪落」為職業經理人，企業營運的主導權也就喪失了，結果導致在企業營運的過程中很容易與投資人產生矛盾。一位職業經理人在談到自身經歷時，也提起與投資人產生過分歧。據這位前職業經理人回憶，當時他所在的那家公司規模不算大，但擁有著一系列繁多的業務內容。他意識到繁瑣的業務對公司的運作可能產生影響，管理團隊便提出縮減業務、專攻核心的策略。但是一手把公司培養起來的投資人對此持相反意見，儘管最終是投資人接受了管理團隊的建議，事件圓滿結束。但正如前面所講的一樣，在企業管理的過程中，投資商與創業管理團隊雙方產生分歧的情況很多。

深入分析，就能發現這種矛盾來自於投資人角色錯位。對於投資者而言，他們應當明確自身的定位。有自知之明的投資人應該知道，他們對於所投資的創業公司，應該產生的是支持性的作用。而從實際上來講，很多投資人並不這麼看，他們很容易介入那些根本無法提供增值服務的領域，為創業者和管理團隊帶來無休止的額外工作，而緩慢的決策機制，也導致公司發展的拖延。

具體來講，理想的投資人應當是這樣的：在企業發展順利的情況下，投資人通常只會透過參與董事會來幫助企業完成制定發展策略、挑選和更換管理階層、策劃追加投資等方面的內容，很少會介入日常管理工作。對於企業的決策，投資人更少會介入。只有當企業出現危機時，投資人才會介入得比較多，並且只有在極端情況下，投資人才會撤換企業的CEO或者中止投資。

除了投資人角色錯位這一原因之外，企業所有人和職業經理人的角色分工不清，也是造成決策混亂的另一個原因。一般來說，在國外所有人與職業經理人的職責劃分十分清楚，企業所有人主要負責包括企業策略發展在內的重要決策，而職業經理人主要負責企業管理的執行。

而很多企業所有人由於過去都曾經擔任過職業經理人的角色，因此在成為企業所有人之後，無法及時轉換自己的角色，同時又因為過去的經驗所然，他們對自己在企業營運範疇內的決策亦頗有信心。於是企業所有人在公司經營方面很容易習慣性的對企業策略做出決策，也更渴望參與企業的管理，而忽略了這部分在理論上應該是企業管理階層的責任。終於導致了目前企業所有人與管理團隊之間的矛盾與衝突。

總之，理想的風險投資人與創業者之間的關係，應是和善友好、相互尊重、相互信任、不斷溝通的專業關係。對於融資這件事，創業者一方面應該明白，個人的能力再強也有限，如果沒有風險資金加入，他很可能喪失競爭力、錯失市場良機。而另一方面也要注意，風險投資人儘管有權瞭解企業營運的各個方面，但不應越俎代庖。風險投資人的角色應該是董事或者顧問，即對事關企業方向和策略的重大決策發表意見，並參與最終決定，但對日常事務的管理則沒有必要干預。對於創業者而言，任何時候都不要讓別人替你決策，只有牢牢把握住決策權，才能把握住企業的命運。

一定要與銀行打好交道，不要失信於銀行

銀行是企業的重要融資管道，與銀行打好交道，企業才能保證資金管道暢通。與銀行建立起融洽關係，以平等的心態遵循誠實信用的原則，特別是不能失信於銀行。無論是創業企業、微型企業，還是有一定規模的企業，都要與銀行積極建立起關係。

對於企業而言，特別是創業企業，銀行是非常重要的財源，在企業的資金周轉當中有著重要的作用。讓銀行對自己有信心，是融資的關鍵，這就要求在與銀行打交道的過程中，不能失信於銀行。

企業在與銀行打交道的過程中，首先要明白銀行看重的是什麼，做好這些，就更容易得到銀行的信賴。一般來說，銀行主要從以下五個方面考察企業：

一、性格

這裡的性格是經理人的個人特徵，儘管從理論上來講，銀行應當對企業的財務資訊更為感興趣，而實際上銀行對經理人個人也十分感興趣，經理人的性格會影響到銀行與企業合作的態度。因為無論如何，銀行都更喜歡品德良好的人。

二、資本

為了規避風險，銀行總是希望自己是眾多的投資人之一，而不是企業唯一的投資者。這樣就要求企業有一定的風險承當能力，並且銀行還想知道企業是否有足夠的信心。

三、能力

毫無疑問，能力是一個重要指標。這裡的能力當然指的是企業的借款能力，它受以往的信用記錄和企業的經濟基礎影響。如果公司是初創公司，借款能力就比較有限，因此開始和銀行建立關係並逐步培養自己的借款能力，便成為此時公司的關鍵。

四、條件

這裡的條件指的是企業所在產業的經濟現狀和商業條件。經濟狀況會影響到每個人，並且會構成信用條件的一部分，也是與銀行打交道的要點。通常經濟低迷時期要比經濟高漲時期更難以獲得貸款。

五、抵押

抵押對於有一定經驗的企業來說再熟悉不過的了，銀行不是冒險家，所以自然要求有抵押品來保證貸款的償還。事實上抵押是金融業的慣例，當公司的現金流量足以償還貸款時，就可以和銀行交涉收回抵押。

以上所說的是銀行看重的方面，而與銀行打交道中最忌諱的是什麼呢？就是失信於銀行，按照下面五個準則來做，會使企業留下誠實信用的好印象。

一、千萬不能對銀行撒謊。企業可以讓銀行得知關於自己的一切情況，但已經告知的就必須是真實的。

二、企業的年終結算上報銀行必須及時，應當在經營年度後第三個月交給銀行。

三、對於企業經營中遇到的各種問題，一旦銀行從各種途徑得知後，企業就應當及時向銀行提報這些情況，不得有所隱瞞。

四、不要輕易向銀行承諾。因為一旦企業不能完成所承諾的指標，銀行就會認為企業缺乏遠見和判斷力。

最後，請將自己放在銀行的位置，站在銀行的角度，根據各種資訊評價公司的經營情況。

以上幾點原則，無論是初創企業還是有了一定發展的企業，都要遵守。企業和銀行打交道時，必須將誠信列為基礎。

非常重要的一點就是，企業與銀行應當是平等的，企業應該以平等的心態去看待銀行與企業間的關係。從本質上來講，銀行也是獨立的企業，同樣也要追求利潤，承擔風險，所以企業與銀行之間當然是平等的關係，並不是誰依靠誰。現代銀企關係的特徵是：互惠互利、平等合作、雙向選擇、聯盟發展。

有幾種想法是錯誤的，比如，有些企業老闆認為銀行就是要錢的地方，甚至有種佔便宜的想法。另外就是，現在的企業與過去不同，並非政府規定銀行貸款給誰就給誰，銀行規避風險是很正常的行為，甚至現在銀行都可以派監管員進駐企業。在這種趨勢之下，企業不講誠信將是自討苦吃。企業不惜犧牲自己的信譽換取蠅頭小利，往往也得為此付出沉重的代價。當銀行認為企業信用缺失時，就會開始提防企業，很可能替企業帶來致命的傷害。

心態固然重要，而企業的經營績效則是履行承諾的實力。很多企業的破產，都是因為資金鏈斷裂。因此企業要處理好銀企關係，經營好企業才是根本。企業應該主動把經營情況全面詳實地反映給銀行，銀行如果不知道企業的經營狀況，當然會惜貸。如果企業的經營狀況良好，那麼銀行自然會給予支援。如果企業的經營狀況不好，那麼銀行則會提出合理的投資建議，使企業避免盲目投資帶來的後果。

對於和銀行之間已經有了一定基礎的企業，維持良好關係自然相對簡單一些。而對於創業期的企業來說，跟銀行建立起關係，可能就比較困難了，這裡有些經驗總結：

首先，企業要積極向銀行展示自己。跟銀行打交道實際就是一個溝通的過程，好像合作一樣，只有你瞭解他的需求，他知道你的情況，雙方才有合作的可能。想獲得貸款，首先得瞭解清楚銀行對企業的要求是什麼，什麼能夠打動銀行，銀行最擔心什麼？然後投其所好地向銀行推薦企業的各個層面，如經營理念、經營業績、規劃、產品技術和市場前景等等。

在這個過程中，企業本身的弱點也必須要特別避諱。這是因為，將企業的弱點、面臨的風險或困難展示給銀行，可以讓銀行覺得企業更為坦蕩，從而更容易獲得他們的信任和支持。而銀行關心的風險也正是企業自己的風險，將各種資訊全面介紹給銀行，有助於他們瞭解、認可企業，還有利於獲得銀行的貸款，更為重要的是對企業自己的經營也有好處。企業最好將貸款比例、資產負債率、現金流量、擔保比例、主營業務收入增長率等指標，都保持在銀行的要求範圍內，還有企業的財務制度、財務報表、財務結構等，都要根據銀行的正規要求作出調整，這些都有利於銀行對企業的經營狀況進行評估。

除了積極的展示之外，如果有機會，最好邀請銀行相關工作人員到企業參觀，進一步展現良好的經營實力和潛力，正所謂「眼見為憑」。而企業的策略、規模，近期發展長期規劃、經營理念，甚至良好工作文化、員工精神面貌等等，都可能成為為企業加分的因素。而企業文化在這裡則具有特別重要的意義，它展示著一個企業的偉大抱負與情操，表明企業的市場競爭力及營利水準，以及企業對客戶、合作夥伴的態度。這些都有助於銀行在評判企業的經營狀況時得到認可。

企業還可以在此基礎上做更深一步的「引進」。比如在必要時邀請銀行參加企業董事會。在董事會上，企業的財務營運及經營狀況，反映的將更為真實，這無疑體現出企業誠信的本質，更容易得到銀行的垂青。曾有一個企業在邀請銀行相關部門的負責人參加過董事會之後，次年就得到了銀行公開授信兩億元。

但是企業需要注意的是，儘管按照上述來做，企業與銀行打交道的過程也並非是一帆風順的，特別是在當今的環境中，微型企業面臨的融資難題。正如一位微型企業的董事長所說：「企業越小，就越要與銀行保持良好溝通，取得銀行的支持。」

愛爾眼科醫療集團從一家小醫療機構成長到如今中國最大規模的眼科醫療機構，其成長經歷就說明了微型企業與銀行打交道的艱難之路。愛爾眼科從一家小醫院開始，成長為首批創業的上市公司，十餘年的發展道路並不平坦，其中融資問題就是創業成長期的嚴峻困難。當企業處於成長期時，就必須面對如何突破資金瓶頸的難題。

不僅如此，企業想要得到銀行的連續貸款更難。有一次愛爾眼科醫療集團將一定數額的貸款連本帶利還給銀行後，想要再從該銀行貸款時，卻遇到了阻力。老闆在半年內跑了那家銀行不下二十次，從貸款部門到風險控管部門，全部都跑遍了，可是貸款依然下不來。這就說明即使公司有了一定的規模，貸款也絕非易事。

最後愛爾眼科在與世界銀行協商貸款時，充分與對方溝通。世界銀行也派出專人對企業進行長期調查，之後認同了企業的經營模式和品牌價值，同意貸款八百萬美元且不要抵押品。

儘管目前一些微型企業，很難從銀行貸款，但對於銀行，這些企業亦不能採取不聞不問的態度。正如一位企業家所說「越是微型企業，越要與銀行保持良好的溝通，沒有金融支援，企業無法發展壯大。找銀行也不要有太大的心理負擔，這是企業快速發展壯大必然的一步」。因此，建議微型企業主，除了與銀行保持良好溝通外，還要將有關人員請到他們的企業中去，讓這些人看到企業真正的價值。

在任何時候，都要確保充足的流動資金

現金流量如同人體血液，良好的現金流能使企業健康成長。企業若沒有充足的現金就無法運轉，甚至可能危及企業生存，現金流決定著企業生存和運作的「血脈」。因此，經營者應該保證在任何時候，都有充足的流動資金，這樣才能為企業的正常運轉提供基本保障。

現金流是指在一定會計期間內產生的現金流入、流出及其總量的總稱。從產品市場調查到售後服務的整個過程，任何環節都與企業的現金流交織在一起。

現金流量管理是現代企業理財活動的重要職能，並且現金流量管理可以保證

企業健康、穩定的發展。加強現金流量管理是企業生存的基本要求，可以有效地提高企業的競爭力。一般而言，現金流量管理中的現金，不只是通常所理解的手持現金，而是指企業的庫存現金和銀行存款。每個企業都有其各自的不同發展階段，所以現金流量的特徵也都不盡相同。根據企業在不同階段的經營情況，管理者應該採取相應措施，才能夠保證企業的生存和正常的運營。

企業管理者必須懂得現金流的重要性，現金循環有兩種表現，一是短期現金循環，另一種是長期現金循環。無論哪一種，當產品價值實現而產生現金流入時，都要重新在新一輪循環中參與不同性質的非現金轉化。由於存在這樣的過程，企業現金流往往是不平衡的。假如收入是流水性的、以天為單位，而支出是間斷性的，每幾天、幾個月才支出的話，企業的日子相對就會好過。但是在現實中，很多企業都是反過來——收入是間隔性的，支出是流水性的：電話要天天打、房租水電費要月月付。這樣企業就很累了。假如忽視了現金流的潛在危險，就會對企業的生存帶來致命的影響。

對初創企業而言，現金流的重要性就像血液對人體不可或缺一樣。人體靠血液輸送養分與氧氣，只有血液充足且流動順暢，人體才能維持生命與活力。如果動脈硬化、血管阻塞，便有休克死亡的危險。幾乎每一個成功的創業者，都有一段企業幾乎用盡現金的經歷。可見，現金流對於初創企業的重要程度。大多創業者的原始資本都是自己的血汗錢，或是向親戚朋友借來的。如不重視現金流的管理，最終會造成帳面有利潤，帳下無資金的困境，陷入無以維持、無法周轉的難堪境地。因此，創業者一定要高度重視現金流的管理。

企業是以營利為目的的，因而造成了錯誤的印象，認為企業利潤數值高，就是經營有成效的表現，卻忽略了利潤中所應該體現出來的流動性。作為企業的資金管理者，應當要能夠充分、正確地界定現金與利潤之間的差異，有利潤並不代表企業就有充裕的流動資金。

正如戴爾公司董事長面對公司虧損時的反省之言：「我們和許多公司一樣，一直把注意力放在利潤數字上，卻很少討論現金周轉的問題。這就好像開著一輛車，只曉得盯著儀表板上的時速表，卻沒注意到油箱已經沒油了。戴爾新的營運順序不再是『增長、增長、再增長』，取而代之的是『現金流、獲利、增長』，依次發展。」

既然企業現金狀況的好壞對一個企業來說影響很大，那麼對於企業，特別是初創期的中小企業，經營者更應該做好公司現金流的管理。孔夫子有句名言「會計，當而已矣」，這裡的「當」就是「適當」的意思。企業管理者應策劃、定位，然後從總量、分項進行控制，主要目的就是在現金存量和銀行貸款中保持平衡。那麼企業管理者應該如何管好現金流，使支出和收入保持平衡呢？

一、培養管理階層對現金流量的管理意識

企業的決策者必須具備足夠的現金流量管理意識，從企業的高度來審視現金流量。

二、注重流動性與收益性的權衡

現金既然對企業來說非常重要，那是否意味著帳面上現金越多越好？答案是否定的。創業者要根據企業的經營狀況、商品市場狀況、金融市場狀況，在流動與收益之間進行權衡，做出抉擇。現金的持有固然可以使公司具有一定的流動（即支付能力），但庫存現金的收益率為零，銀行存款的利率也極低，因此持有現金資產

數量越多，就代表機會成本越高。如果減少現金的持有量，將暫時不用的現金投資於債券、股票或某個短期專案，就可以增加收入，降低現金持有成本，不過也會由此產生交易成本，以及現金流動性是否充足的問題。因此，創業者要在保證流動性的基礎上，盡可能降低現金機會成本，提高收益性。

三、合理規劃、控制企業現金流

企業現金管理主要可以從規劃現金流、控制現金流出發。規劃現金流主要是運用現金預算的手段，並結合以往的經驗，來確定一個合理的現金預算額度和最佳現金持有量。如果企業能夠精確的預測現金流，就可以保證充足的流動性。同時企業的現金流預測還可從現金的流入和流出兩方面出發，來推斷合理的現金存量。

控制現金流量就是對企業現金流的內部控制，主要包括現金流的集中控制、收付款的控制等。現金的集中管理將更有利於管理者瞭解資金的整體情況，從更廣的角度迅速而有效地控制好這部分現金流，使這些現金的保存和運用達到最佳狀態。

四、利用預算，做好現金管理工作

對於剛剛起步、處於創業初期的企業來說，現金預算是一個強有力的計畫工具，對重要的決策很有幫助。首要工作就是確定現金最低需要量，一般在企業的初期階段，現金流出量會遠大於現金流入量。待企業達到一定規模時，就可以逐步增加現金流的管理規範，將現金結算管理、現金的流入與流出的管理等都納入規範。在任何情況下，合理、科學地估計現金需求，都是融資的重要依據。

五、建立以現金流量管理為核心的執行資訊系統

將企業的物流、資訊流、工作流、資金流等集成在一起，使得管理者可以準確及時地獲得各種財務管理資訊。

事實上，現金流之於企業，就如同血液之於人體的毛細血管，必須要有心臟的搏動功能來支持，才能使血液遍佈全身。在企業內部，溝通也好，管理也好，制度必須是明確和強制的。做事前要有全面的預算，讓企業的工作計畫與現金流相銜接。如果計畫不周全，就可能把現金流拉斷，導致企業難以維持。

▶ 衝！衝！衝！不再當窮忙族，我要當老闆 （讀品讀者回函卡）

■ 謝謝您購買本書，請詳細填寫本卡各欄後寄回，我們每月將抽選一百名回函讀者寄出精美禮物，並享有生日當月購書優惠！
想知道更多更即時的消息，請搜尋"永續圖書粉絲團"

■ 您也可以使用傳真或是掃描圖檔寄回公司信箱，謝謝。
傳真電話：（02）8647-3660　　信箱：yungjiuh@ms45.hinet.net

◆ 姓名：＿＿＿＿＿＿　□男　□女　□單身　□已婚

◆ 生日：＿＿＿＿＿＿　□非會員　□已是會員

◆ E-Mail：＿＿＿＿＿＿　電話：（　）＿＿＿＿

◆ 地址：＿＿＿＿＿＿

◆ 學歷：□高中及以下　□專科或大學　□研究所以上　□其他＿＿

◆ 職業：□學生　□資訊　□製造　□行銷　□服務　□金融
□傳播　□公教　□軍警　□自由　□家管　□其他＿＿

◆ 閱讀嗜好：□兩性　□心理　□勵志　□傳記　□文學　□健康
□財經　□企管　□行銷　□休閒　□小說　□其他＿＿

◆ 您平均一年購書：□ 5本以下　□ 6～10本　□ 11～20本
□ 21～30本以下　□ 30本以上

◆ 購買此書的金額：＿＿＿＿

◆ 購自：＿＿＿＿市(縣)
□連鎖書店　□一般書局　□量販店　□超商　□書展
□郵購　□網路訂購　□其他＿＿

◆ 您購買此書的原因：□書名　□作者　□內容　□封面
□版面設計　□其他＿＿

◆ 建議改進：□內容　□封面　□版面設計　□其他＿＿

您的建議：

剪下後傳真、掃描或寄回至「22103新北市汐止區大同路三段194號9樓之1讀品文化收」

廣 告 回 信
基隆郵局登記證
基隆廣字第 55 號

221-03

新北市汐止區大同路三段 194 號 9 樓之 1

讀品文化事業有限公司　收

電話/(02)8647-3663　傳真/(02)8647-3660
劃撥帳號/18669219　永續圖書有限公司

請沿此虛線對折免貼郵票或以傳真、掃描方式寄回本公司，謝謝！

讀好書品嘗人生的美味

衝！衝！衝！不再當窮忙族，我要當老闆